Fous d'équations

LEOPOLDO
ROMANORUM
IMPERATO
RI. S. A.
devotissime
D.D.D.
NOVA BRITANNIA
NOVA ANGLIA
NOVA BELGIUM
VIRGINIA
Florida
NOVA HISPANIA
DEL
SUBTRA
ÆQUATORIS
ZUR
MAR
Tropicus
Cancri
DEL
NORT
HENDÆ
Canariæ Insulæ
Acores Insulæ
NOVA FRANCIA
MARE
ATLAN
TI
AMERICA
MERIDIONALIS
GUIANA
Venezuela
Nueva Andalusia
PERU
BRASILIA
CHILI
TUCUMAN
Rio de la plata
Fretum Magellanicum
OCEANUS
Tropicus
ÆTHIOPICUS
Circulus

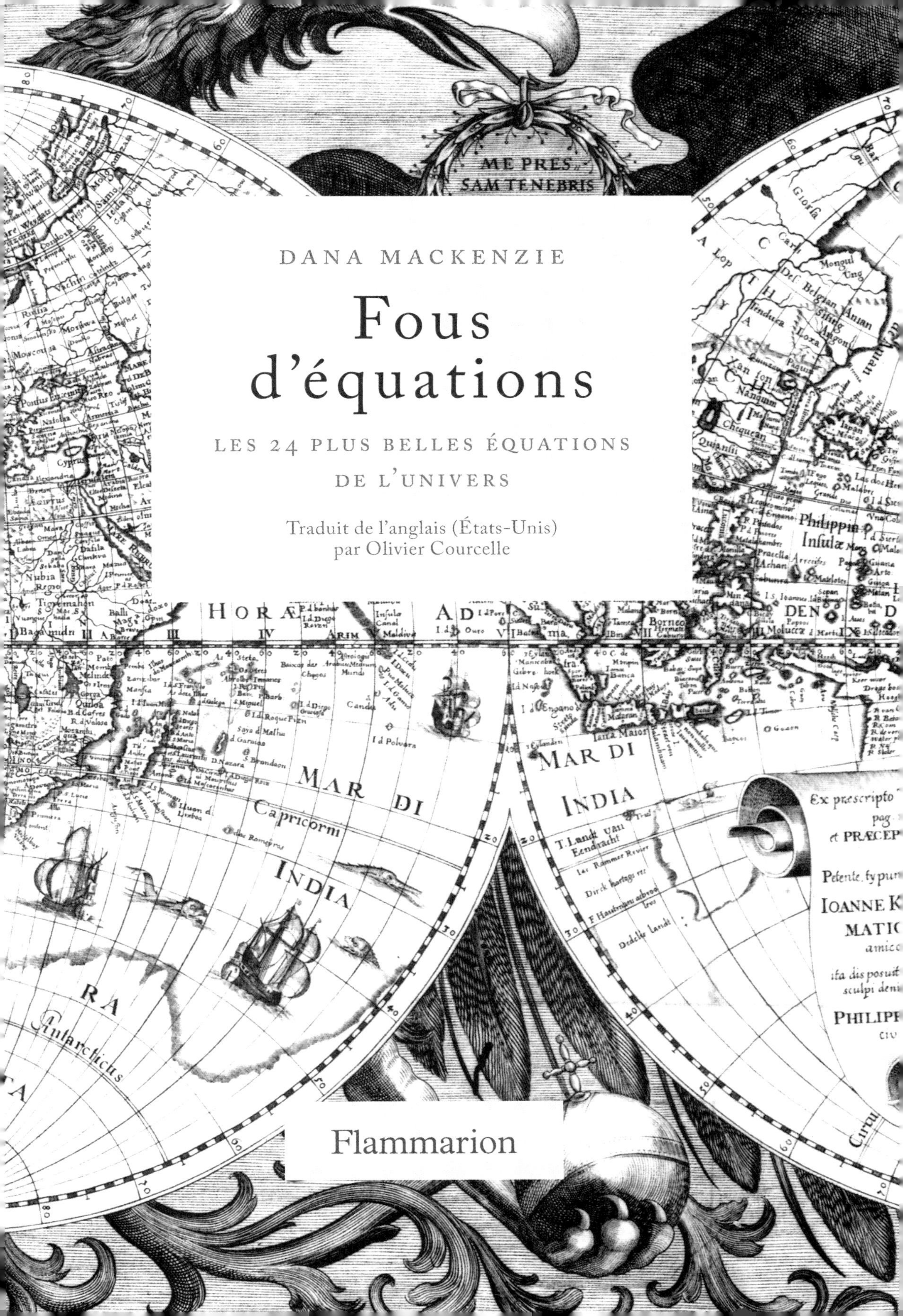

DANA MACKENZIE

Fous d'équations

LES 24 PLUS BELLES ÉQUATIONS DE L'UNIVERS

Traduit de l'anglais (États-Unis)
par Olivier Courcelle

Flammarion

Sommaire

Partie III - Les voleurs de feu 104

Partie IV - Les équations de notre temps 150

Conclusion - Et demain ? 214

Préface

Lever le voile sur la part de mystère qui recouvre trop souvent les mathématiques et les équations, tel est le but que je me suis fixé en rédigeant ce livre.

Quelques mots de terminologie, d'abord. Si les termes « équation », « formule » et « identité » s'emploient tous trois en mathématiques, il existe entre eux certaines nuances de sens. Une formule recouvre une notion d'utilité : elle sert à résoudre une équation. Moins profonde, d'une certaine manière, une identité s'affiche comme l'aboutissement d'une manipulation purement symbolique. Dans le cadre de ce livre, il est inutile d'insister d'avantage sur ces distinctions.

Les mots « axiome », « théorème », « hypothèse » et « conjecture » reviendront aussi très souvent sous ma plume. Un axiome est une déclaration que les mathématiciens admettent sans preuve, soit parce que sa validité universelle leur paraît évidente, soit parce qu'elle constitue un point de départ très commode pour la construction d'un raisonnement.

Un théorème représente la vérité mathématique par excellence. C'est un résultat qui a été formellement déduit d'un système spécifique d'axiomes. Il n'est sujet ni aux erreurs expérimentales ni aux effets de mode intellectuels… sauf peut-être quand le système d'axiomes lui-même tombe en désuétude. Car des révolutions se produisent en mathématiques ! Non parce que les théorèmes sont faux en tant que tels, mais du fait que les hypothèses sur lesquelles ils sont fondés sont jugées trop restrictives, trop lâches, trop imprécises ou trop éloignées de la réalité.

Une hypothèse ou une conjecture (les deux mots sont synonymes) est une allégation, encore non prouvée, que l'on croit juste, soit parce qu'il existe un théorème similaire un peu plus faible, soit parce que divers indices ou modélisations informatiques le suggèrent. Il faut toutefois bien comprendre qu'un résultat, en mathématiques, ne peut jamais être prouvé par empirisme, par une forte plausibilité ou par des tests statistiques. Cette règle distingue les mathématiques des sciences expérimentales, comme la physique, la biologie ou la chimie.

LE CHOIX DES ÉQUATIONS présentées dans ce livre reflète nécessairement une part d'objectivité. La présence de certaines, telle $E = mc^2$, probablement la plus célèbre de toutes, allait de soi. D'autres, comme celle qui exprime l'hypothèse du continu, sont moins connues. Voici quelques-uns des critères sur lesquels je me suis fondé pour décider des mérites d'une équation.

1. *La surprise*. Une bonne équation nous apprend quelque chose, nous apporte un savoir que nous ignorions auparavant. Elle tient parfois de l'alchimie dans sa manière de transformer une quantité en une autre, à première vue complètement différente, ce qui n'empêche pas que chaque étape de l'opération puisse être expliquée et justifiée. La seule magie qui œuvre est celle de l'esprit humain ;

2. *La concision*. Une bonne équation se limite à l'essentiel : elle parle simple et fort ;

3. *La portée*. J'ai écarté plusieurs équations qui m'ont paru tout à fait remarquables mais aussi trop pointues. Un théorème est d'autant plus impressionnant qu'il révolutionne les mathématiques, modifie notre perception du monde et a des répercussions sur notre vie quotidienne.

À proprement parler, certaines des équations présentées dans ce livre, comme celles de Maxwell, relèvent moins de théorèmes mathématiques que de « lois » ou de théories physiques. Elles sont généralement établies par l'analyse des données et l'application d'une méthodologie scientifique plutôt que par une série de déductions bâties sur un ensemble d'axiomes. Contrairement aux théorèmes, elles sont sujettes à l'empirisme et au test statistique, quand elles ne se révèlent pas, à l'occasion de quelque expérience plus précise, sensiblement incorrectes.

Le fait est que les mathématiques courent deux lièvres à la fois. Si elles constituent d'abord un corpus de connaissances autonome, elles servent aussi de langage pour exprimer notre savoir sur l'Univers. Regarder une équation comme un simple véhicule d'information scientifique, c'est manquer une opportunité de nous libérer l'esprit. Mais voir les équations comme de simples pépites de savoir abstrait, c'est passer à côté de « bonnes questions » subtilement posées par la nature.

LEOPOLD KRONECKER, un mathématicien allemand du XIXe siècle, aimait paraît-il à dire que « Dieu a fait les entiers ; tout le reste est l'œuvre de l'homme ». Bien qu'il ne faille sans doute jamais prendre un bon mot au pied de la lettre, Kronecker n'est pas le premier à avoir attribué une origine divine aux mathématiques. Dès l'Antiquité, en Mésopotamie, on considérait qu'elles avaient été accordées aux hommes par Nisaba, la déesse de l'écriture. Dans une ode à cette « femme rayonnante de joie, la véritable femme scribe, la dame qui sait toutes choses, [et qui] a guidé tes doigts sur l'argile », un scribe affirmait au XXe siècle av. J.-C. que « la canne à mesurer, la corde d'arpenteur brillante, la corde à mesurer, la planche à écrire, qui donnent la science, Nisaba te les a données d'une main généreuse ». Et sur les tablettes babyloniennes, la solution d'un problème ne s'achevait jamais sans un « Louée soit Nisaba » !

En Chine, la tradition fait remonter l'origine des mathématiques à Baoxi, aussi appelé Fuxi, le légendaire premier empereur de Chine, souvent représenté une équerre à la main. Au IIIe siècle, le mathématicien Liu Hui écrivait ainsi que, dans un très lointain passé, Baoxi avait tracé « les huit trigrammes pour se mettre en communication avec les capacités de clairvoyance et d'illumination [des dieux] » et créé « la procédure du [neuf-neuf] pour qu'elle soit en concordance avec les mutations des [...] hexagrammes ». Dans la mesure où la calligraphie chinoise repose sur les trigrammes et les hexagrammes, Baoxi est ici crédité de l'invention de l'écriture au sens large, tandis que l'expression « procédure du neuf-neuf » se rapporte plus précisément à la table de multiplication. Non seulement, donc, les mathématiques naquirent d'une inspiration divine, mais elles virent le jour dans le même mouvement que l'écriture.

À travers ces témoignages se distinguent déjà trois des grands courants des mathématiques : l'algèbre, c'est-à-dire la science de la quantité ; la géométrie, c'est-à-dire la science de la forme ; et les mathématiques appliquées, c'est-à-dire la science de résoudre des problèmes concrets d'ingénierie, de physique ou d'économie.

Une quatrième branche du fleuve ne transparaît pas encore : la science de l'infini. L'analyse des quantités infiniment grandes ou infiniment petites se révèle en effet essentielle à la compréhension profonde des variations ou des mouvements continus. Les mathématiciens s'y réfèrent simplement par le mot « analyse », même si le langage courant accorde à ce terme une signification sensiblement différente.

Je considère donc que les mathématiques sont formées de quatre courants principaux : l'algèbre, la géométrie, les mathématiques appliquées et l'analyse. Les regarder se mêler et se renforcer mutuellement procure aux mathématiciens un plaisir sans cesse renouvelé. À titre individuel, bien sûr, chacun d'eux ou presque se baigne dans l'un des bras plutôt qu'un autre. Il n'empêche que les mathématiques tirent toute leur force et leur beauté des quatre, et c'est pourquoi nous suivrons globalement leurs cours historiques à travers les pages de ce livre.

Préface à l'édition française

Il y a dix-huit ans, j'ai pris la décision téméraire d'abandonner ma carrière de mathématicien pour celle d'écrivain scientifique. Le premier article que j'ai écrit, sur la géométrie non-commutative, a été publié dans une revue intitulée *The Sciences*. Ce fut naturellement un grand moment de ma vie. Mais je fus tout aussi touché par sa parution en français, dans le magazine *La Recherche*. Le fait de savoir que quelqu'un avait jugé utile d'œuvrer à sa traduction me confortait dans mon choix en quelque sorte – peut-être que j'avais pris la bonne direction, après tout !

J'éprouve de même une grande joie à l'idée que ce livre, grâce à sa version française, touche un public dont je ne pratique pas la langue. Par une heureuse tradition, les Français ont la chance que des mathématiciens de premier plan s'adressent directement à eux. Henri Poincaré, Alain Connes (l'un des héros de mon article sur la géométrie non-commutative) et, ces dernières années, Cédric Villani ont écrit pour le grand public. Si d'aventure ils n'avaient pas couvert tous les sujets, puisse mon histoire idiosyncrasique des mathématiques combler les manques ; et si mes écrits ne se comparent sans doute pas aux leurs, puissent-ils au moins vous rendre « fous d'équations » !

Introduction

Boulier contre raison pure

Un jour, à Rio de Janeiro, le célèbre physicien Richard Feynman se trouvait tranquillement installé à la table de son restaurant favori. Le calme régnait en cette heure creuse… du moins jusqu'à ce que surgisse un vendeur de bouliers. L'homme se targuait de calculer très rapidement grâce à son instrument. Le client solitaire accepterait-il de se mesurer à lui ? Avec les garçons comme arbitres ? Feynman releva le défi.

Au début, le combat fut assez inégal. Sur les additions, selon la propre expression de Feynman, le vendeur le battit « à plate couture » : l'autre annonçait le résultat avant que lui-même eût achevé de poser l'opération. Fort de son succès, mais non sans une certaine arrogance, le vendeur suggéra bientôt de passer aux multiplications. Feynman perdit encore, mais de justesse, cette fois. Le vendeur, sans doute mécontent de cette courte victoire, proposa des problèmes de difficulté toujours croissante, tout en s'énervant chaque fois un peu plus. « *Raios cubicos* ! » lança-t-il pour finir d'un ton rageur, « racines cubiques ! »

À ce stade, évidemment, l'honneur primait sur la vente de bouliers. L'un des serveurs du restaurant choisit un nombre au hasard : 1 729,03 !

Penché sur son instrument, le vendeur s'attela frénétiquement à la tâche. Feynman, de son côté, restait tranquillement assis. « Mais, que faites-vous ? » s'écria l'entourage… Feynman esquissa un geste vers son front et répondit : « Je pense ! » Quelques secondes plus tard, il écrivit discrètement les cinq premiers chiffres du résultat (12,002), tandis que le vendeur annonçait triomphalement « 12 ! », puis, après un certain laps de temps, « 12,0 ! » Mais Feynman avait alors déjà ajouté plusieurs chiffres à sa réponse. Écœuré, vaincu par la raison pure, le vendeur quitta rapidement les lieux…

Comme toutes les bonnes histoires, celle de Feynman et du vendeur de bouliers est riche d'enseignements. À un niveau très superficiel, c'est l'histoire d'un génie, prix Nobel, qui triomphe de la machine. Mais, en rapportant cette scène, Feynman ne cherchait pas à se singulariser. Il souhaitait plutôt faire comprendre que *chacun*, par l'acquisition d'une certaine familiarité avec les nombres et d'un modeste savoir en mathématiques, pouvait faire aussi bien que lui. Son exploit apparemment extraordinaire tenait en effet à deux astuces. Il savait d'abord que 1 728 est un cube parfait : $12^3 = 1\,728$ (car dans le système anglo-saxon, un pied cubique fait 12^3 ou 1 728 pouces cubiques). Il se servit ensuite d'une équation très célèbre, la « formule de Taylor », pour passer de la relation exacte :

$$\sqrt[3]{1728} = 12$$

à la valeur approchée $\sqrt[3]{1729{,}03} \approx 12{,}002$

Les équations sont de précieux pinceaux que les mathématiciens et autres scientifiques manient dans l'exercice de leur art. Certainement pas *l'unique* outil dont ils disposent, et de ce point de vue les mots et les figures jouent également un rôle de premier plan. Une équation, néanmoins, condense l'information avec une économie et une précision auxquelles ni les beaux discours ni les bouliers ne pourront jamais prétendre.

Or le monde, en dehors du milieu scientifique, ne parle pas la langue des équations, si bien qu'un large fossé culturel s'est creusé entre ceux qui la comprennent et les autres. Ce livre vise précisément à jeter un pont entre les deux rives. Il est conçu pour un lecteur soucieux de comprendre les mathématiques en version originale, un lecteur qui souhaite les apprécier en esthète. Il ne viendrait à l'idée de personne de commenter le travail de Rembrandt ou de Van Gogh sans montrer leurs toiles. Dès lors, pourquoi devrait-on évoquer Isaac Newton ou Albert Einstein sans exhiber leur « œuvre » ? Dans les chapitres qui suivent, je me propose donc d'expliquer à l'aide de mots, aussi faibles et imparfaits soient-ils, ce que signifient les équations et pourquoi elles sont aussi chères au cœur de ceux qui les pratiquent.

Mais revenons-en à Feynman et à son vendeur de bouliers. Il y a fort à parier que ni l'un ni l'autre ne savaient qu'ils rejouaient une scène qui avait déjà eu lieu des siècles auparavant, au moment où les chiffres arabes débarquèrent en Europe.

Quand ce nouveau système de numération apparut, au début du XIIIe siècle, il fut d'abord regardé avec une profonde suspicion. Il nécessitait d'apprendre neuf étranges symboles : 1, 2, 3, 4, 5, 6, 7, 8 et 9 – ou, plus précisément, à l'époque, une version légèrement différente de ces symboles. De vrais signes cabalistiques comparés aux simples et solides lettres romaines dont on usait d'habitude (I, V, X, etc.). Pour ne rien arranger, ces chiffres étaient arabes, pas même chrétiens, ce qui les rendait encore plus suspect dans une société profondément religieuse. Et ils s'accompagnaient d'une innovation particulièrement difficile à appréhender : le zéro, un quelque chose qui ne valait rien.

Les chiffres arabes, malgré tout, faisaient preuve d'une indéniable puissance. Contrairement au système romain, très adapté à l'écriture des nombres mais pas du tout au calcul, le système de numération positionnel se montrait également propre aux deux tâches. Et, en un certain sens, les chiffres arabes démocratisaient les mathématiques. Dans l'Antiquité, souvent, seule une classe de scribes dûment entraînée, maniant des outils spécifiques, pouvait exécuter des calculs arithmétiques. Avec la numération décimale, un cerveau et un crayon suffisaient.

La lutte entre l'ancien et le nouveau système perdura pendant plus de deux siècles. Des compétitions étaient organisées entre les vieux adeptes du boulier ou des abaques et les tenants des raisonnements que permettait la numération décimale. Le duel de Feynman et du vendeur de bouliers s'enracinait donc dans un passé très ancien !

NOUS CONNAISSONS l'issue de la bataille. De nos jours, la société occidentale utilise les nombres décimaux. Les écoliers apprennent à les additionner, les soustraire, les multiplier et les diviser. En ce sens, le raisonnement a clairement gagné. Mais l'histoire de Feynman montre aussi que la victoire s'explique moins simplement qu'il n'y paraît. Sur certains problèmes, le pur esprit se traîne lamentablement. Le vendeur de bouliers, on s'en souvient, avait battu Feynman « à plate couture » sur les additions. Il n'en demeure pas moins que le système décimal apporte une compréhension plus profonde des nombres, hors de portée des instruments mécaniques. Le pur esprit s'en sortira donc d'autant mieux que le problème est difficile. Or, avec les progrès de la science, durant la Renaissance, les mathématiciens ont été amenés à exécuter des opérations de plus en plus complexes, plus complexes que l'extraction de racines cubiques, par exemple. Le raisonnement de pur esprit a donc gagné pour deux raisons : d'un côté, le système décimal accompagnait plus efficacement l'avancement des mathématiques ; de l'autre, il permettait à chacun de calculer.

Mais avant que la « supériorité » de notre système décimal ne nous rende un peu trop arrogant, remarquons encore que l'histoire de Feynman porte encore plusieurs messages. D'abord, et c'est loin d'être évident pour la plupart d'entre nous, il y a plusieurs façons de faire des mathématiques, pas seulement celle que nous apprenons à l'école. L'histoire des mathématiques enseigne que des civilisations différentes se servaient de notations et de raisonnements différents, qui présentaient de multiples avantages dans leur contexte. Nous ne devrions pas juger ces pratiques « inférieures » – un vendeur de bouliers peut encore battre un prix Nobel sur les additions et les multiplications.

L'histoire de Feynman illustre aussi la manière dont les cultures mathématiques se sont maintes fois rencontrées par le passé. Souvent, le choc a bénéficié aux deux parties. Les Arabes, par exemple, n'ont pas inventé les chiffres arabes ou le zéro mais ont emprunté ces concepts aux Indiens.

Il faut peut-être enfin reconnaître un caractère temporaire à la victoire du raisonnement. Une nouvelle machine à calculer occupe en effet chaque jour un peu plus de place : l'ordinateur. Ceux qui enseignent les mathématiques perçoivent déjà une certaine érosion du sens des nombres chez leurs élèves. Les étudiants d'aujourd'hui, en effet, se reposent sur la facilité et la perfection qu'offre l'informatique. Une fois de plus, nous retombons sur la lutte entre les deux paradigmes. Rien ne permet de connaître l'issue de la bataille. Il se peut que notre société décide, demain comme jadis, que l'individu moyen n'a nul besoin de comprendre les nombres. Cette forme de savoir demeurera alors réservée à une caste d'élite, et le fossé qui nous sépare de la science et des mathématiques de haute volée ne cessera de se creuser.

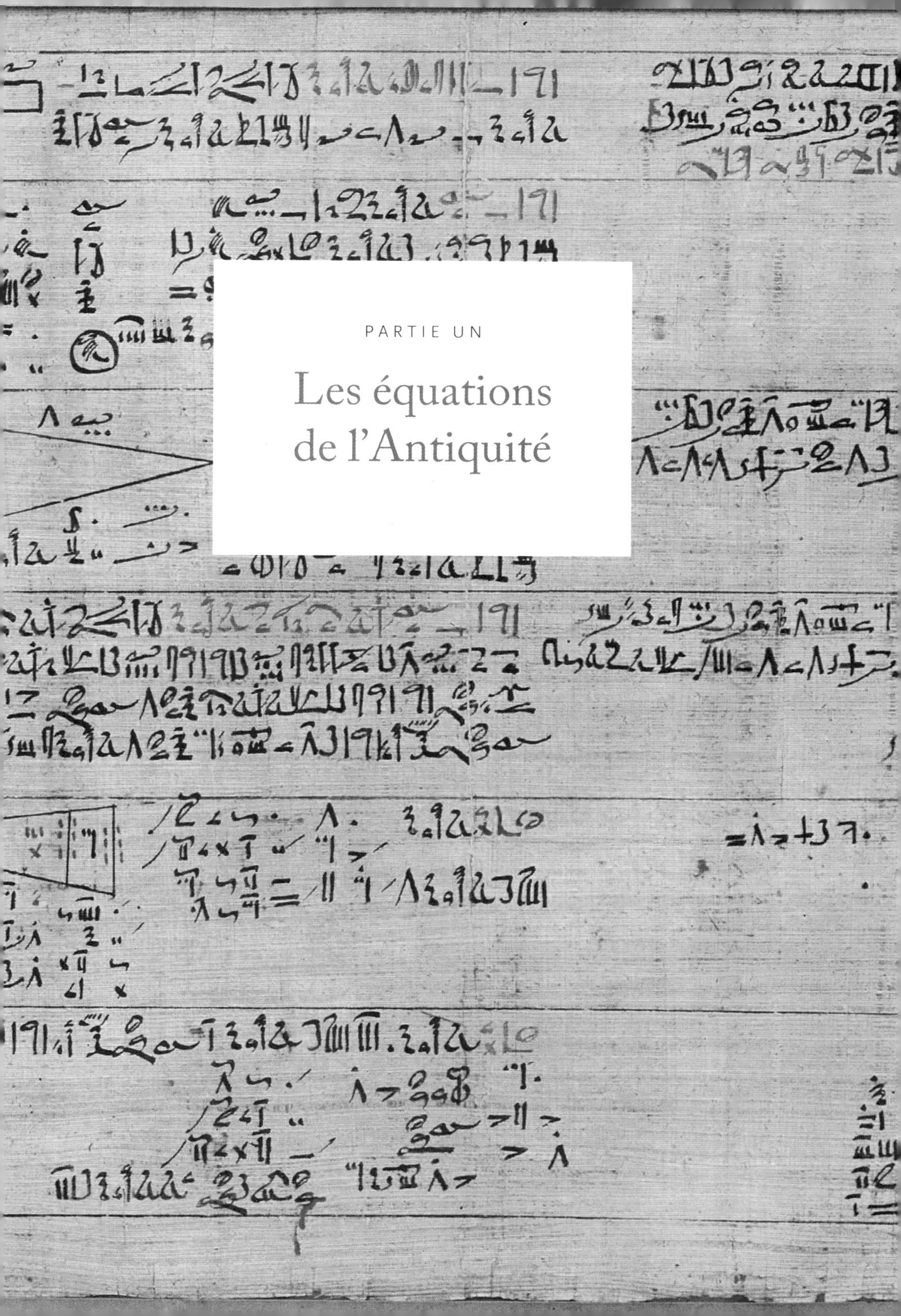

PARTIE UN

Les équations de l'Antiquité

De nos jours,

les mathématiques impressionnent par leur unité. Des équations comme $a^2 + b^2 = c^2$ sont immédiatement reconnues et comprises sur tous les continents.

Mais il n'en a pas toujours été ainsi. Dans l'Antiquité, les motivations et les approches dépendaient des civilisations. Les mathématiques ont évolué petit à petit, partant de problèmes très concrets d'arpentage, de collecte d'impôts, de construction ou d'astronomie, jusqu'à acquérir une totale autonomie. En Égypte et en Mésopotamie, l'arithmétique et la géométrie faisaient simplement partie de l'éducation des scribes. À en juger par les papyrus et les tablettes cunéiformes qui sont parvenus jusqu'à nous, ils apprenaient surtout des collections de règles, rarement accompagnées d'explications.

Pour les Grecs, à l'inverse, la pratique du calcul importait moins que l'exercice philosophique. Suivant en cela l'enseignement de Pythagore et de Platon, ils concevaient une haute opinion des mathématiques, qu'ils considéraient comme une science de pure raison, capable de percer les illusions du monde physique. Euclide, dans ses *Éléments*, déduisit toute la géométrie d'un très petit nombre de faits supposés évidents en eux-mêmes, les axiomes. Cette approche a profondément marqué les mathématiques, les débordant même largement.

En ouverture de la Déclaration d'indépendance américaine, par exemple, Thomas Jefferson a posé en un style typiquement euclidien les axiomes fondateurs de la nouvelle société : « Nous tenons pour évidentes pour elles-mêmes les vérités suivantes... »

Les mathématiques indiennes, ou *ganita*, ont longtemps été rattachées à l'astronomie, ne volant de leurs propres ailes que vers les IXe et Xe siècles. D'importants progrès ont pourtant été accomplis en Inde, au premier rang desquels la découverte du système de numération décimal que nous utilisons encore aujourd'hui. En Chine, les mathématiques, ou *suan shu*, ont connu des hauts et des bas : du temps de la dynastie Tang (618-907), tous les savants se devaient d'étudier ce sujet prestigieux ; durant la dynastie Ming (1368-1644) à l'inverse, elles ont été reléguées au second plan. Ce changement d'attitude explique sans doute pourquoi les mathématiques chinoises, jadis supérieures à leurs homologues européennes, ont stagné à partir des années 1300, précisément à l'époque où les mathématiques occidentales prenaient leur envol.

La civilisation islamique, enfin, occupe une position unique dans l'histoire des mathématiques, d'abord pour avoir hérité de deux traditions (grecque et indienne), puis pour les avoir transmises, augmentées de découvertes originales, en Europe occidentale. Curieusement, la transition décisive vers les mathématiques modernes ne s'est produite qu'en Europe... mais chaque chose en son temps.

1
Les fondements de l'arithmétique
L'équation la plus simple du monde

Un plus un égale deux… Probablement la plus élémentaire des formules… Limpide, intemporelle, indiscutable… Mais qui l'a trouvée ? Dans quel contexte ? Et comment sait-on qu'elle est vraie ? Les réponses, curieusement, n'ont rien d'évident.

Il n'existe en effet presque aucune trace de l'addition dans l'Antiquité. Si les tablettes babyloniennes et les papyrus égyptiens foisonnent de tables de multiplications et de divisions, on y cherche en vain la moindre expression du type $1 + 1 = 2$. L'addition allait tellement de soi, apparemment, qu'elle ne méritait pas d'explications. Il est vrai que les civilisations anciennes utilisaient souvent un système de numération très simple. En Égypte, par exemple, un nombre comme 324 s'écrivait en posant trois symboles qui désignaient « cent », puis deux symboles qui désignaient « dix », puis quatre symboles qui désignaient « un ». Additionner deux nombres revenait donc à réunir leurs symboles, quitte à remplacer dix « un » par un « dix », etc. quand cela se révélait nécessaire. Aucun besoin dès lors mémoriser $1 + 1 = 2$ puisque la somme de | et | faisait évidemment ||.

En Chine, les calculs arithmétiques se pratiquaient à l'aide d'une « table à calculer », précurseur du boulier, sur laquelle des bâtonnets disposés en colonnes marquaient les unités, les dizaines, les centaines, etc. Là encore,

$$1 + 1 = 2$$

Cette identité signifie simplement que 2 dépasse 1 d'une unité sur la droite numérique. Mais depuis le début du XXe siècle, les logiciens définissent les nombres naturels à partir de la théorie des ensembles. Dans ce contexte, la formule exprime (en gros) que l'union de deux ensembles à un élément est un ensemble à deux éléments.

une addition consistait essentiellement à poser le nombre approprié de bâtonnets les uns à côté des autres, et à en reporter certains dans la colonne suivante, ce qui ne nécessitait aucune mémorisation. Mais ce qui vaut pour l'addition ne vaut pas pour la multiplication. Pour effectuer l'opération $8 \times 9 = 72$, par exemple, il est plus rapide d'utiliser une table que d'ajouter 8 à lui-même neuf fois.

Une autre différence d'importance tient à ce que les civilisations antiques ne disposaient pas du concept d'« équation » au sens où nous l'entendons aujourd'hui. Les mathématiques se formulaient avec des phrases, construites en mots ordinaires, ou quelquefois par des procédures. Il est donc toujours hasardeux d'affirmer que telle ou telle société « connaissait » ou non telle ou telle équation. Il a fallu plus de mille ans pour qu'émerge seulement la notion. Vers 250, Diophante d'Alexandrie a commencé à employer une notation, dite « syncopée », qui consiste à remplacer les mots souvent utilisés (somme, produit, etc.) par des abréviations. L'idée d'utiliser des lettres comme x et y pour désigner des quantités inconnues apparut plus tard en Europe, vers la fin du XVIe siècle. Quant au signe « égal à », caractéristique d'une équation d'aujourd'hui, il naquit précisément en 1557, année de la publication de *The Whetstone of Witte* (« La Pierre à aiguiser l'esprit »), ouvrage dans lequel

Robert Recorde annonce : « Et pour éviter la fastidieuse répétition des mots "est égal à", je mettrai, comme je le fais souvent pour mon propre usage, une paire de parallèles, ou lignes jumelles de même longueur, donc : ═══, parce que deux choses ne sauraient être plus égales. » (Notons que le signe "égal à" de Recorde était plus long que le nôtre.)

Bref, même si les mathématiciens savent implicitement depuis des millénaires que 1 + 1 = 2, la forme moderne de cette expression est à chercher dans le XVIe siècle. Et il fallut encore attendre de longues années avant d'interroger les fondements de sa validité.

AU COURS DU XIXe SIÈCLE, les mathématiciens ont en effet commencé à comprendre que leurs prédécesseurs se reposaient souvent sur des hypothèses plus ou moins implicites, parfois difficiles à justifier (quand elles n'étaient pas fausses). Cette remise en cause déboucha d'abord sur la découverte des géométries non-euclidiennes, dont nous discuterons en détail dans un prochain chapitre. Dès lors, si même les axiomes du grand Euclide perdaient leur caractère incontestable, à quelle partie des mathématiques pouvait-on se fier ?

Des mathématiciens comme Leopold Kronecker, Giuseppe Peano, David Hilbert et Bertrand Russell se lancèrent à la fin du XIXe siècle dans un examen attentif des fondements des mathématiques. Que peut-on tenir pour certain ? Existe-t-il un petit ensemble de postulats dont on pourrait prouver l'auto-cohérence ?

→ Un manuscrit arabe, *La Clef de l'arithmétique*, par Jamshid al-Kashi, 1390-1450.

Kronecker, on l'a vu, considérait que les entiers naturels 1, 2, 3... avaient été donnés par Dieu. La fiabilité des règles de l'arithmétique, telles que 1 + 1 = 2, se voyait donc implicitement assurée ! Mais aux yeux de nombreux logiciens, le concept de nombre entier paraissait beaucoup moins fondamental que celui d'ensemble. Qu'est-ce qu'une affirmation comme « un plus un égale deux » signifie vraiment ? Au niveau le plus profond, elle indique qu'un ensemble formé d'un seul objet, réuni avec un ensemble différent formé d'un seul objet, donnera toujours un ensemble à deux objets. Mais pour que cette formulation fasse sens, il faut auparavant

بسم الله الرحمن الرحيم وبه نستعين

الحمد لله الذى توحد بابداع الاحاد ۝ وتفرد بتاليف صنوف الاعداد ۝
والصلوة على خير خلقه محمد اشفع الشافعين يوم التناد ۝ واله واولاده الهادين
سبيل النجاة والرشاد اما بعد فان احوج خلق الله تعالى الى غفرانه
جمشيد بن مسعود بن محمود الطبيب الكاشى الملقب بغياث احسن الله
احواله يقول لما مارست الاعمال الحسابية ۝ والقوانين الهندسية ۝ حتى
بلغت الى حقايقها ۝ وبالغت فى دقايقها ۝ وكشفت غوامضها ومعضلاتها ۝
وحللت مشكلاتها ۝ واستنبطت كثيرا من القوانين والضوابط فيها ۝ و
استخرجت ما صعب استخراجه على كثير من مباشريها ۝ كما استانفت
استخراج جميع جداول الزيج الايلخانى ۝ بادق عمل ووضعت الزيج المسمى
بالخاقانى ۝ فى تكميل الزيج الايلخانى ۝ وجمعت فيه جميع ما استنبطت من
اعمال المنجمين ۝ مما لا ياتى فى زيج اخر مع البراهين الهندسية ۝ ووضعت
ايضا زيج التسهيلات وجداول شتى ۝ وصنفت رسائل اخرى ۝ مثل
الرسالة المسماة بسلم السما فى حل اشكال وقع للمتقدمين فى الابعاد
والاجرام ۝ والرسالة المحيطية فى نسبة القطر الى المحيط ۝ ورسالة الوتر والجيب

فى استخراجهما

savoir répondre à toute une série de nouvelles questions : ce que nous entendons par ensemble, ce que nous savons à leur propos, pourquoi nous le savons, etc.

La refonte de l'arithmétique par la théorie des ensembles culmina probablement en 1910, date à laquelle Alfred North Whitehead et Bertrand Russell publièrent les trois épais volumes de leurs *Principia Mathematica*. L'ouvrage est à déconseiller aux enfants de huit ans qui voudraient comprendre pourquoi 1 + 1 = 2 : ce n'est qu'à la 362e page du premier volume que les auteurs aboutissent à une proposition à partir de laquelle, écrivent-ils, « il s'ensuivra, lorsqu'une addition arithmétique aura été définie, que 1 + 1 = 2 ». Notez qu'à ce stade, ils n'ont pas encore expliqué en quoi consiste ladite addition. De fait, le théorème « 1 + 1 = 2 » n'apparaît qu'à la page 86 du 2e volume… Non sans un certain sens de l'euphémisme, ils précisent que « la proposition ci-dessus mentionnée trouve parfois son utilité ».

↓ Un problème algébrico-géométrique, en écriture cunéiforme, sur une tablette d'argile, vers 2000-1600 av. J.-C.

Loin de moi l'idée de me moquer de Whitehead et Russell, deux grands esprits qui ont été parmi les premiers à saisir les surprenantes difficultés de la théorie des ensembles. Russell découvrit par exemple qu'il était impossible de définir « l'ensemble de tous les ensembles » sans aboutir à une contradiction.

D'autant que ce résultat débouche à son tour sur une nouvelle question. Sans doute Russell et Whitehead ont-ils pris soin d'éviter le paradoxe qui résulte de « l'ensemble de tous les ensembles », mais est-on absolument certain que leur système d'axiomes ne produira pas une quelconque autre contradiction, non encore révélée ? La réponse, étonnante, fut fournie par le logicien allemand Kurt Gödel en 1931 dans un article resté célèbre : la cohérence des règles fondatrices d'une théorie des ensembles contenant au moins l'arithmétique est impossible à prouver. En d'autres termes, quelqu'un montrera peut-être un jour que 1 + 1 = 3. Et pire encore, cette possibilité restera ouverte éternellement… Rien ne garantira jamais absolument la cohérence de notre arithmétique, du moins tant que nous la bâtirons sur la théorie des ensembles.

DANS LES FAITS, l'incohérence éventuelle de l'arithmétique ne tracasse pas les mathématiciens outre mesure. La plupart d'entre eux sentent probablement que les nombres, de même que les multiples autres constructions mathématiques qu'ils utilisent, ont une réalité objective qui transcende l'esprit humain. Dès lors, il leur paraît inconcevable que des énoncés contradictoires à leur sujet, du type 1 + 1 = 2 et 1 + 1 = 3, puissent être prouvés. Ils adoptent en ce sens un point de vue « platonicien », pour reprendre le terme employé par les logiciens.

« Le mathématicien type est à la fois platonicien et formaliste », résument Philip Davis et Reuben Hersh dans leur *Univers mathématique*, originellement publié en 1981. En d'autres termes, nous n'avons pas le choix : il faut admettre que les mathématiques portent peut-être des contradictions. Mais cela ne doit pas nous empêcher d'avancer.

Ajoutons encore que les scientifiques non mathématiciens se montrent résolument platoniciens. Il ne leur viendrait jamais à l'esprit de douter de la validité de 1 + 1 = 2. Et à bon droit. Après tout, l'homme pratique l'arithmétique depuis 5 000 ans sans avoir encore jamais rencontré de contradiction. Quel autre langage, religion ou système de croyance a traversé les époques et les cultures avec autant de succès ? Même les chercheurs en quête de vie extraterrestre présupposent souvent que les premiers messages en provenance d'une autre civilisation véhiculeront une part importante de mathématiques, la plus universelle de toutes les langues.

Que ce soit par la théorie des ensembles ou par simple vision platonicienne, nous savons que 1 + 1 = 2. Mais nous ne *savons* pas que nous le savons, dans la mesure où nous ne pouvons prouver la cohérence de la théorie des ensembles. Telle est peut-être la meilleure des réponses que nous serons jamais capables d'apporter à un enfant de huit ans qui se poserait cette question.

2

De l'art de résister à un concept nouveau

La découverte du zéro

Des ouvrages entiers ont été consacrés au zéro. Ce chiffre est apparu tardivement en arithmétique, peut-être parce qu'il est difficile de visualiser zéro coudée ou zéro mouton. Encore aujourd'hui, les livres dans lesquels les enfants apprennent à compter commencent souvent… par 1.

Le zéro recouvre en fait deux notions différentes. Dans les nombres comme 2 009 ou 90 210, d'abord, le zéro sert à marquer une place vide. Sans le symbole 0, nous serions incapables de distinguer ces nombres de 29 ou 921. Dans un système de numération positionnel comme le nôtre, la signification de « 2 » dépend de sa place : dans 29, il indique deux dizaines alors que dans 2009, il indique deux milliers.

Bien sûr, les civilisations qui n'utilisaient pas de systèmes positionnels – les Égyptiens ou les Romains, par exemple – se passaient fort bien d'un symbole pour marquer une place vide. Le numéral MMIX (2009) se distinguait facilement de XXIX (29). Rien de surprenant donc, à ce que la notion de zéro n'ait pas émergé dans ces sociétés. Les Babyloniens se servaient bien d'un système de numération positionnel, mais n'ont disposé que très tardivement d'un symbole désignant une absence. L'ambiguïté entre 2009 et 29, apparemment, ne les troublait pas. Peut-être parce que le contexte rendait la distinction évidente. De nos jours encore, nous nous attendrons à un nombre

$1 - 1 = 0$

Sur la droite numérique,
0 précède 1 d'une unité.

comme 2009 si quelqu'un nous entretient d'une année, mais à 29 s'il parle de son âge[1].

Vers 400 seulement, sur la fin de l'indépendance de Babylone et quelque 1500 ans après l'entrée en vigueur de l'écriture cunéiforme, les scribes ont commencé à employer deux chevrons verticaux (^^) pour marquer un espace vide. C'est la première apparition du zéro dans l'histoire. Il est clair néanmoins que les Babyloniens le percevaient comme une simple annotation et non comme un nombre à part entière.

L'AUTRE ASPECT DU ZÉRO, tel qu'il se manifeste dans l'équation $1 - 1 = 0$ par exemple, trouve son origine en Inde, et plus précisément dans le *Traité corrigé de Brahma*, composé par Brahmagupta en 628.

Comme bien souvent lorsqu'il s'agit d'une époque aussi lointaine, nous ne disposons que de peu d'éléments biographiques sur ce mathématicien. Nous

---

[1] Les Babyloniens n'utilisaient pas un système de numération basé sur 10 mais sur 60, ce qui ne change rien à l'affaire. Un scribe babylonien, par exemple, se serait montré incapable de distinguer 1501 (i. e. $25 \times 60 + 1$) de 90 001 (i. e. $25 \times 60^2 + 1$), deux nombres également représentés par 25, 1.

savons au moins que Brahmagupta naquit en 598 au nord du centre de l'Inde et qu'il faisait partie d'une « école », c'est-à-dire d'une communauté plus ou moins resserrée de savants, établie dans la ville d'Ujjain. Il vécut peu de temps après la fin de la dynastie Gupta (vers 320-550), une période de prospérité souvent considérée comme un âge d'or de la culture indienne, tant par les nombreux classiques de la littérature sanskrite qui y ont vu le jour que par les méthodes développées par les astronomes pour prédire avec précision les éclipses ou les mouvements des planètes.

Brahmagupta affichait volontiers une certaine suffisance envers ses rivaux. Le titre même de son *Traité corrigé de Brahma* critique implicitement un ouvrage plus ancien. Voici comment il jugeait ses prédécesseurs : « On ne devient pas maître par les traités d'Aryabhata, Visnucandra, etc., même [s'ils sont] appris [par cœur]. Mais celui qui connaît les calculs de Brahama [atteint] la maîtrise[2]. »

Quoi que l'on puisse penser de son attitude, Brahmagupta avait clairement compris la nature du zéro. Il écrivit par exemple que « [la somme] de deux positifs est positive, de deux négatifs négative ; d'un positif et d'un négatif [la somme] est leur différence, et s'ils sont égaux, c'est zéro ». Dit autrement, un nombre positif ajouté à un nombre négatif d'égale grandeur, par exemple $1 + (-1)$, donne zéro. Brahmagupta précisait en outre qu'ajouter zéro ne change pas le signe d'un nombre, que zéro ajouté à zéro donne zéro et que tout nombre multiplié par zéro donne zéro. Il restait plus prudent sur la division par zéro. De manière assez tautologique, il écrivait qu'un « négatif ou un positif divisé par zéro le compte parmi ses diviseurs » et affirmait à tort que « zéro divisé par zéro est zéro ». Un mathématicien d'aujourd'hui dirait que la division par zéro est indéfinie.

Notons que le zéro allait de pair chez Brahmagupta avec les nombres négatifs. En fait, la lenteur de l'adoption du zéro s'explique sans doute par la difficulté très réelle à visualiser des coudées ou des moutons négatifs ! Des siècles après la disparition de Brahmagupta, les mathématiciens évitaient encore d'utiliser des nombres inférieurs à

---

[2] Les crochets sont de Kim Plofker, historien des mathématiques, qui a traduit le livre en anglais.

zéro. Au XVIIe siècle, par exemple, les solutions des équations cubiques et quartiques se formulaient de manière inutilement compliquée dans le but de s'en passer.

IL EST DIFFICILE D'EXAGÉRER l'importance du zéro dans les mathématiques d'aujourd'hui. C'est ce qu'on appelle un élément neutre, un élément qui joue un rôle un peu comparable à celui de synonyme en littérature. Il ne viendrait à l'idée de personne de s'interroger sur la nécessité de disposer des mots « heureux » et « ravi ». Ces deux termes nous permettent d'exprimer une même chose de manière différente, avec parfois certaines nuances. Le zéro apporte au mathématicien le même type de souplesse. Une expression x peut s'écrire $x + 0$, et de là $x + 1 - 1$ ou encore de bien des façons, selon la nature du problème. Au cours des XIXe et XXe siècles, les mathématiciens ont découvert maintes opérations et structures algébriques très utiles, autres que l'addition ou la multiplication sur les nombres entiers ou les nombres réels. L'arithmétique modulaire, par exemple, trouve des applications en informatique... La multiplication sur des courbes elliptiques est utilisée en cryptographie... En physique quantique, on calcule sur des vecteurs dans des espaces de Hilbert... Ces types d'opérations, parfois très éloignés de l'addition et la multiplication apprises à l'école, ont au moins en commun d'admettre un élément neutre. La contribution de Brahmagupta aux mathématiques – sa conception du zéro –, sous des atours très différents, reste donc plus vivante que jamais.

↓ Au nombre des travaux mathématiques de Brahmagupta comptent certaines contributions à l'astronomie, et notamment la détermination du caractère sphérique de la Terre.

3
Le carré de l'hypoténuse
Le théorème de Pythagore

Pythagore est souvent le premier patronyme de mathématicien que rencontre l'élève en salle de classe. Le théorème de Pythagore affirme que la somme des carrés des deux petits côtés *a* et *b* de tout triangle rectangle, c'est-à-dire d'un triangle qui présente un angle droit, vaut exactement le carré du côté le plus long, *c*, également appelé hypoténuse. Comme le savent les écoliers depuis des siècles, il se formule de la manière suivante : $a^2 + b^2 = c^2$.

La célébrité de ce théorème se mesure à ses fréquentes évocations dans la culture populaire. Dans le *Magicien d'Oz*, par exemple, l'épouvantail le massacre allègrement : « La somme des racines carrées de deux côtés quelconque d'un triangle isocèle est égale à la racine carrée du côté restant. Ô joie, ô félicité, j'ai un cerveau ! »

Dans les *Pirates de Penzance*, le célèbre opéra de Sullivan et de Gilbreth, le général de brigade Stanley paraît de meilleur niveau à en croire ce qu'il chante : « Je connais aussi bien des choses en mathématiques… et de nombreux faits joyeux sur le carré de l'hypoténuse. »

Qui était Pythagore et pourquoi ce théorème est-il accolé à son nom ? La réponse est plus compliquée qu'il n'y paraît. Selon toute probabilité, en effet, Pythagore n'a jamais ni découvert ni même prouvé « son » théorème.

$$a^2 + b^2 = c^2$$

Les lettres *a* et *b* désignent les petits côtés d'un triangle rectangle ; la lettre *c* l'hypoténuse.

Pythagore naquit vers 469 av. J.-C. sur l'île de Samos, au large des côtes ioniennes (en Turquie aujourd'hui). La légende veut qu'il ait passé des années à assimiler le savoir des vieux sages d'Égypte, peut-être même de Babylone, voire de l'Inde (en matière de légende tout est possible)... Il vécut ensuite à Crotone (aujourd'hui en Italie), cité dans laquelle il fonda une société secrète influente – les « pythagoriciens ».

Pythagore prêchait les vertus de la tempérance, du respect des aînés et de l'éducation. Il défendait la monogamie, ce qui devait détonner dans une société dont les dieux pratiquaient l'adultère à tout va. Il proscrivait la consommation de chair animale, au motif qu'elle abritait peut-être l'âme d'un ami ou d'un ancêtre, ainsi que celle de haricots secs, pour les mêmes raisons, allez savoir !

À bien des égards, Pythagore s'apparente au gourou typique de quelque culte mystérieux. Mais ce qui distingue cette secte, du moins aux yeux des historiens des sciences, c'est que les pythagoriciens passent pour avoir fondé la tradition philosophique et mathématique grecque. Pythagore croyait en effet que tout était gouverné par les nombres.

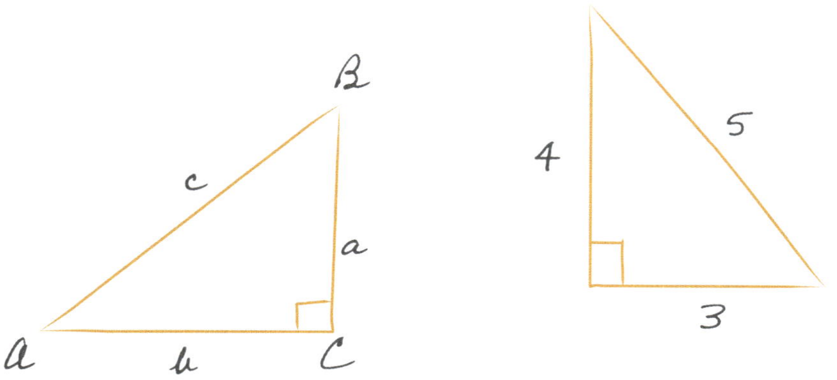

↑ Un triangle rectangle général (à gauche) et particulier (à droite).

La philosophie pythagoricienne se teintait d'un fort mysticisme numérique, d'une numérologie qui paraîtrait souvent bien risible aujourd'hui. Les nombres impairs, par exemple, étaient associés à la virilité et les nombres pairs à la féminité. Mais cette fascination pour les nombres conduisit les pythagoriciens à dégager des concepts encore en vigueur aujourd'hui. On leur doit par exemple la découverte des « nombres parfaits », qui présentent la particularité d'être égaux à la somme de leurs diviseurs propres. Les premiers d'entre eux sont 6 (égal à 1 + 2 + 3) et 28 (égal à 1 + 2 + 4 + 7 + 14). On en connaît 47 à l'heure où j'écris ces lignes. Avec les progrès de l'informatique, on en trouve de nouveaux régulièrement.

LES « NOMBRES PREMIERS », c'est-à-dire des nombres qui n'admettent d'autres diviseurs qu'eux-mêmes et 1, se révèlent encore plus intéressants. Leur suite commence par 2, 3, 5, 7 et 11. Un nombre qui n'est pas premier est dit composé : 6, par exemple, est le produit des deux nombres premiers 2 et 3.

Sans les nombres premiers, la théorie des nombres dépeindrait un paysage relativement désolé ; avec eux, le panorama s'illumine… Si les Grecs ont montré que la suite des nombres premiers ne se terminait jamais, la manière dont ils se répartissent parmi les autres entiers demeure encore mystérieuse à bien des égards. Les nombres premiers permettent aussi bien de résoudre des équations à coefficients entiers que de prouver qu'elles n'admettent aucune solution. Nous en reparlerons à propos du grand théorème de Fermat, exemple emblématique s'il en est. Les nombres premiers se révèlent également essentiels en cryptographie, un domaine aujourd'hui largement fondé sur l'idée qu'il est très difficile de trouver les facteurs premiers d'un très grand nombre composé – comportant, disons, plusieurs centaines de chiffres.

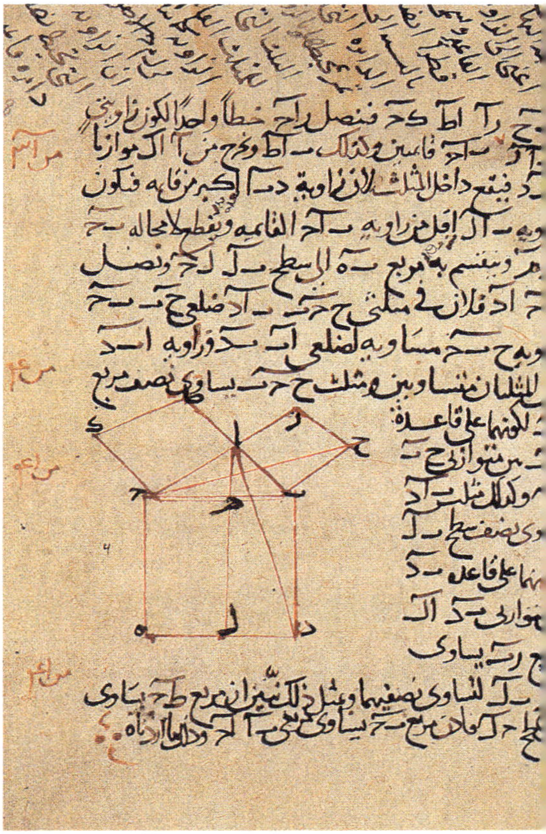

Parmi les découvertes attribuées aux pythagoriciens, citons encore le théorème de Pythagore, donc, et, peut-être plus important encore, la preuve de ce théorème ; une théorie de la musique en vertu de laquelle les accords correspondent à des vibrations aux rapports de fréquences entiers ; l'idée que le mouvement des planètes puisse être gouverné par des rapports entiers similaires – la fameuse « harmonie des sphères » ; ou encore l'existence des nombres irrationnels.

Ces revendications tiennent-elles la route ? D'abord, l'un des rares éléments avérés à propos de Pythagore, c'est qu'il n'a pas découvert le théorème qui porte son nom. Sur une célèbre tablette babylonienne – la « Plimpton 322 » –, datant de 1800 av. J.-C. environ, figure une liste de ce que nous appelons aujourd'hui des triplets pythagoriciens : des ensembles d'entiers, comme 3, 4, 5 ou 5, 12, 13, qui correspondent aux longueurs des côtés d'un triangle rectangle – il est facile de vérifier que $3^2 + 4^2 = 5^2$ et que $5^2 + 12^2 = 13^2$. Si Pythagore a étudié à Babylone, comme d'aucuns l'ont prétendu, on peut imaginer qu'il en ait rapporté la formule.

↑ Le théorème de Pythagore dans un ancien texte arabe.

Pythagore a-t-il au moins découvert une preuve du théorème, c'est-à-dire démontré à partir des principes élémentaires que l'identité $a^2 + b^2 = c^2$ se vérifie pour tous les triangles rectangles ? Ni les Babyloniens ni les Égyptiens, apparemment, ne s'intéressaient à ce type de déductions : dans les sources disponibles, en effet, autant les procédures abondent en détails, autant les explications restent brèves – chez les Babyloniens, elles se bornaient souvent à un « Louée soit Nisaba ! ».

Une fructueuse tradition de raisonnements mathématiques s'est instaurée en Grèce dans les deux siècles qui suivirent l'époque de Pythagore. Une preuve minutieuse du théorème se trouve en particulier dans le premier livre des *Éléments* d'Euclide, un véritable point d'orgue de cette période, rédigés vers 300 av. J.-C. Que l'histoire de cette démonstration puisse remonter aux tout premiers temps des mathématiques grecques, voilà qui serait aussi surprenant que fantastique.

DÈS LORS QUE LA VALIDITÉ de l'équation $a^2 + b^2 = c^2$ est admise ou prouvée pour tout triangle (et pas simplement pour certaines combinaisons faciles à vérifier comme 3, 4, 5 ou 5, 12, 13), une question se pose naturellement. Le plus simple des triangles rectangles est obtenu en coupant un carré le long de sa diagonale. Les petits côtés de ce triangle sont de même longueur, que l'on peut supposer égale à l'unité 1. En vertu du théorème de Pythagore, la longueur de l'hypoténuse, c, vérifie donc l'équation $c^2 = 2$.

Or, selon le dogme pythagoricien, les nombres entiers régissent la totalité de l'Univers. Cette mystérieuse longueur c doit donc pouvoir s'exprimer comme un rapport de deux entiers, disons p/q. Il est facile d'en trouver qui s'en approchent. Le quotient $7/5$, par exemple, qui vérifie $(7/5)^2 = 49/25 = 1{,}96$, est légèrement plus petit. Le quotient $17/12$ qui, élevé au carré donne $289/144 \approx 2{,}007$, est lui un peu plus grand. On peut donc seulement affirmer que c se situe entre $7/5$ et $17/12$. Mais on aura beau multiplier les tentatives, jamais on ne trouvera deux entiers p et q vérifiant $(p/q)^2 = 2$.

Pourquoi en suis-je si certain ? Supposons que deux entiers p et q vérifiant $(p/q)^2 = 2$ *existent*. Alors $p^2 = 2q^2$, ce qui signifie que p^2 est pair. Donc p lui-même est pair, c'est-à-dire qu'il existe un entier x tel que $p = 2x$. Par suite, $4x^2 = (2x)^2 = p^2 = 2q^2$, d'où $q^2 = 2x^2$. L'entier q est donc pair lui aussi, et s'écrit sous la forme $q = 2y$. Comme $p/q = x/y$, cela revient à dire que nous avons trouvé des entiers x et y *plus petits* que p et q qui donnent le même rapport. En appliquant le même raisonnement à x et y, on obtient des entiers encore plus petits dont le rapport reste identique. Et ainsi de suite, sans que le processus ne connaisse de fin. En d'autres termes, nous ne pourrons jamais écrire la fraction sous sa forme irréductible, ce qui est évidemment une absurdité.

Notre hypothèse de départ, $(^p/_q)^2 = 2$, était donc fausse. Ce type de preuve, nommé *reductio ad absurdum*, ou preuve par contradiction, sera discuté dans le chapitre 5.

De nos jours, les moyens pour exprimer la longueur c de l'hypoténuse ne manquent pas. Une simple calculette à dix chiffres, par exemple, affiche 1,414 213 562. Mais les pythagoriciens ne connaissaient pas le système décimal – qui n'atteindrait l'Europe que près de 1 500 ans plus tard. Ils ne pouvaient donc pas écrire le résultat de cette manière. Et 1,414 213 562 reste une valeur approchée : le carré de ce nombre vaut 1,999 999 998, et non 2.

Une autre solution consiste à écrire, comme à l'école, que $c = \sqrt{2}$. Ce résultat présente une exactitude réconfortante… mais tautologique. Il indique simplement que le nombre dont le carré vaut 2 est… la racine carrée de 2. Aucune information nouvelle !

De toute façon, les pythagoriciens ne connaissaient pas la notation √ et, quand bien même, ce type de réponse circulaire ne les aurait sûrement pas satisfaits. Ils ne disposaient donc d'aucun moyen pour écrire la longueur de la diagonale d'un carré. Ce quelque chose était un *alogos*, inexprimable. Nous dirions aujourd'hui que cette longueur est un nombre irrationnel. (Un nombre rationnel est un nombre qui peut s'écrire sous forme de rapport de deux entiers, comme $^7/_5$.) Que le mot « irrationnel » soit chargé d'une connotation péjorative ne doit rien au hasard… Pour les pythagoriciens, si un nombre ne pouvait s'exprimer, il ne *fallait* pas l'exprimer. L'existence de ces *alogos* ne devait être révélée qu'aux plus avancés des initiés. La légende veut que la première personne à avoir enfreint cette règle (peut-être un pythagoricien nommé Hippase) ait été noyée en mer.

Cette bonne histoire est probablement fausse. Il paraît improbable que Pythagore fût en mesure de prouver que $\sqrt{2}$ était un *alogos*. La technique au cœur de l'argumentation, cette preuve par contradiction, ne fut introduite que deux générations après Pythagore, par Zénon d'Élée, un étudiant de Parménide, souvent qualifié de pythagoricien bien qu'il ne fît pas partie de cette confrérie.

De nos jours, les historiens affichent une certaine circonspection quant aux travaux attribués à Pythagore et aux pythagoriciens. Les preuves solidement étayées manquent, alors qu'elles abondent à propos de résultats obtenus par des mathématiciens grecs extérieurs à leur confrérie. Théodore de Cyrène, par exemple, prouva vers 400 av. J.-C. l'irrationalité des nombres que nous noterions $\sqrt{3}$, $\sqrt{5}$, etc. jusqu'à $\sqrt{17}$. (Qu'il commence par $\sqrt{3}$ suggère que l'irrationalité de $\sqrt{2}$ était déjà largement acceptée à cette époque.)

Pour les historiens modernes, il semble plus judicieux d'étudier les *sources* témoignant des nombreux progrès effectués par les Grecs non pythagoriciens, que de perpétuer des légendes mal fondées. L'un d'entre eux, M. F. Burnyeat, pense que la légende de Pythagore a été délibérément fabriquée par les successeurs de Platon, afin de poser ce dernier en héritier d'une tradition très ancienne.

→ *Allégorie de l'Arithmétique* (1504), par Gregor Reisch, représentant Pythagore maniant l'abaque (à droite) et le philosophe romain Boèce usant de chiffres arabes et de symboles mathématiques (à gauche).

Il existe encore une bonne raison de ne pas canoniser Pythagore. La science progresse plus rapidement quand elle se transmet de manière ouverte. Tant que les mathématiques se sont pratiquées sous le sceau du secret, il est resté impossible de séparer le bon grain de l'ivraie numérologique des bonimenteurs. La levée de la chape pythagoricienne libéra la voie aux nouvelles découvertes de Théodore, Eudoxe, Ératosthène, Archimède et bien d'autres. Quitte à célébrer les mathématiques grecques, autant louer la transparence d'esprit qui a suivi la disparition des pythagoriciens...

Il est également dommage que le théorème de Pythagore soit nommé d'après une personne en particulier, car c'est en réalité l'un des résultats les plus universels des mathématiques. Il fut en effet découvert indépendamment, semble-t-il, dans toutes les cultures antiques ou presque. En un certain sens, cette découverte est inévitable dès qu'une civilisation présente une inclination aux mathématiques. Si « Dieu a créé les nombres », comme l'a affirmé Kronecker, alors peut-être a-t-il aussi créé le théorème de Pythagore.

EN CHINE, par exemple, la règle donnant le carré de l'hypoténuse s'appelait la procédure de la base (*gou*) et de la hauteur (*gu*). Elle apparaît dans le *Jiuzhang suanshu*, soit encore les *Neuf chapitres sur les procédures mathématiques*, un traité anonyme qui a exercé autant d'influence sur les mathématiques en Chine que les *Éléments* d'Euclide en Occident. On ne sait quand il a été composé. Liu Hui, un commentateur du IIIe siècle, indique dans sa préface que l'ouvrage existait avant l'autodafé ordonné par l'empereur Qin Shi Huang en 213. Les *Neuf chapitres* ont été reconstruits de mémoire ultérieurement, et on devine l'imperfection du procédé.

TVPVS A-
RITH=
ME
TICAE·
BOETIVS
PY
TAGO
RAS

Génération après génération, une longue tradition s'est donc instaurée pour améliorer et commenter le texte original.

Les annotations aux *Neuf chapitres* de Liu Hui comptent parmi les plus pertinentes et comprennent de nombreux résultats originaux. Cet autodidacte s'était intéressé aux mathématiques pour elles-mêmes, mais aussi pour faire progresser sa carrière à la cour. Son commentaire fourmille d'explications sur la validité des théorèmes, et l'une d'entre elles constitue la première preuve dûment attestée du théorème de Pythagore hors de la Grèce antique.

L'argument exploité par Liu évoque immanquablement le tangram, une sorte de puzzle chinois dont on réorganise les pièces pour produire quantité de figures. Liu construit deux carrés sur les petits côtés du triangle (*gou* et *gu*), les découpe en plusieurs morceaux et les réarrange de manière à former un carré sur l'hypoténuse (*xian*). Cette preuve par « complémentarité interne-externe » était très employée par Liu et d'autres mathématiciens chinois. Elle est bien plus simple à comprendre que celle des *Éléments* d'Euclide.

↓ La procédure de la base (*gou*) et de la hauteur (*gu*). Liu Hui prouve que les carrés construits sur la hauteur *gu* et la base *gou* (ABED et BCGF) peuvent être décomposés et réarrangés pour former un carré sur l'hypoténuse *xian* (ACJH).

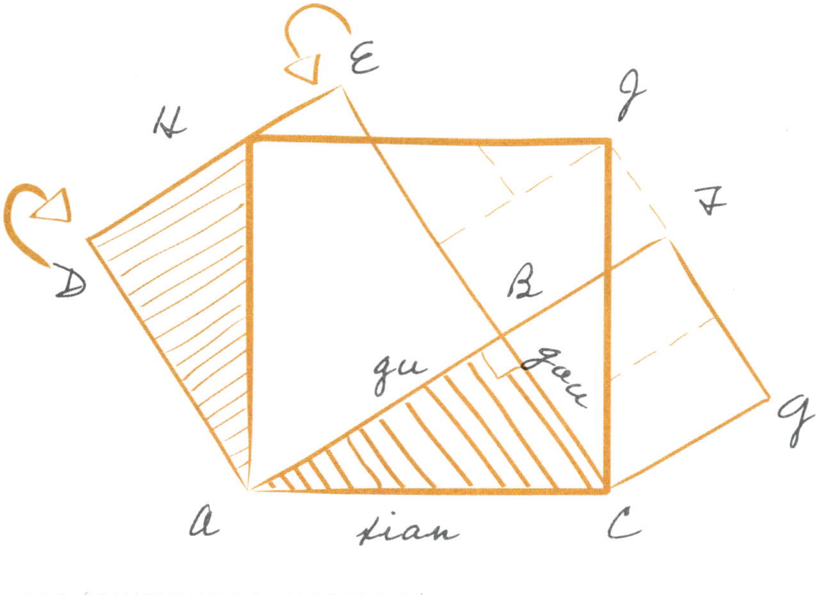

LE THÉORÈME DE PYTHAGORE, on l'a vu, a conduit les Grecs à découvrir les nombres irrationnels comme $\sqrt{2}$. Les Chinois, de leur côté, n'ont jamais explicitement formulé le concept d'irrationalité. Pour expliquer cette divergence, certains historiens ont prétendu que les Chinois s'intéressaient moins au raisonnement abstrait, ce qui conférait à leurs mathématiques un caractère plus pratique. Liu Hui n'éprouvait pourtant aucune aversion pour l'abstraction. Joseph Dauben, un éminent spécialiste de la question, pense que l'explication est plutôt à rechercher dans la langue chinoise elle-même, qui permet difficilement d'exprimer une hypothèse contrefactuelle. Rappelons que la preuve de l'irrationalité de $\sqrt{2}$ commence précisément par une contrevérité : « Supposons que deux entiers p et q vérifiant $(p/q)^2 = 2$ existent. » On peut ainsi présumer qu'un mathématicien chinois se serait montré incapable de donner un sens à cette première étape. Comment une assertion fausse pourrait-elle justifier un théorème vrai ?

Des cheminements aussi différents nous rappellent, une fois de plus, qu'il n'existe pas une seule approche correcte en mathématiques. Au XXe siècle encore, une école, dite « constructiviste », a milité contre les preuves par contradiction. Leurs adeptes n'auraient pas été entièrement convaincus par l'argument prouvant l'irrationalité de $\sqrt{2}$ présenté ci-dessus. À l'instar des Chinois jadis, ils auraient cherché à savoir si $\sqrt{2}$ est *calculable*, c'est-à-dire s'il existe une procédure bien définie pour approcher ce nombre à tout degré de précision voulu. L'histoire n'est qu'un perpétuel recommencement…

4

Jeux de cercle

La découverte de π

Outre le calcul de l'hypoténuse d'un triangle, deux problèmes géométriques paraissent inévitablement se poser à toute civilisation dotée d'un système de numération : les déterminations du périmètre et de la surface d'un cercle (ou d'un disque, à plus proprement parler). En notant C la circonférence d'un cercle de rayon r, A son aire et π (prononcez « pi ») la constante la plus célèbre des mathématiques, ces deux valeurs se calculent aujourd'hui simplement grâce aux formules $C = 2\pi r$ et $A = \pi r^2$. Cette représentation moderne tend curieusement à masquer, en la rendant trop évidente, la première des étonnantes propriétés de π : que la même constante apparaisse dans les deux cas. Pour apprécier à sa juste valeur la découverte des mathématiciens de l'Antiquité, il faut imaginer qu'il existe un nombre « π -circonférence », défini par le rapport du périmètre d'un cercle sur son diamètre d, et un nombre « π -aire », *a priori* distinct du premier, défini par le rapport de l'aire du cercle sur le carré de son rayon.

Le lien entre les deux problèmes avait été clairement perçu par les Grecs. Dès le IIIe siècle av. J.-C, en effet, Archimède écrivait dans un mémoire intitulé *De la mesure du cercle* :

Proposition première : « [L'aire d'un] cercle quelconque est égale à [l'aire d'un] triangle rectangle dont un des côtés de l'angle droit est égal au rayon de ce cercle, et dont l'autre côté est égal à la circonférence de ce même cercle. »

$\pi = 3.1415926535\ldots$

Le nombre π se caractérise de deux façons différentes : c'est d'une part le rapport de l'aire A d'un cercle sur le carré de son rayon r, i. e. $\pi = A/r^2$, mais c'est aussi le rapport de la circonférence C d'un cercle sur son diamètre d, i. e. $\pi = C/d = C/2r$. L'une quelconque des deux propriétés peut être choisie comme définition de π : l'autre s'ensuivra alors comme théorème.

Imaginons que nous divisions un cercle en de multiples secteurs à peu près triangulaires, ainsi que le suggère l'illustration page suivante. L'aire de chaque triangle se calcule en prenant la moitié de sa base multipliée par sa hauteur. Comme la somme de toutes les bases vaut (en gros) la circonférence du cercle, et que chaque hauteur est un rayon du cercle, l'aire formée par tous les triangles représente (en gros) la moitié du rayon multipliée par la circonférence d'une part, et (en gros) l'aire du cercle d'autre part. Pour prouver la proposition d'Archimède, il reste à transformer ces égalités grossières en égalités exactes, de loin la partie la plus difficile de l'affaire. Une fois ce résultat obtenu, il est relativement aisé de montrer que « π-circonférence » est égal à « π-aire ».

Les Chinois se sont indépendamment penchés sur la question. Les *Neuf chapitres* – peut-être antérieurs au travail d'Archimède – présentent en effet le problème suivant : « Supposons qu'on ait [...] un champ circulaire de 181 *bu* de circonférence et de 60 *bu* $^1/_3$ de diamètre. On demande combien fait le champ. [...] Procédure : la moitié de la circonférence et la moitié du diamètre étant multipliées l'une par l'autre, on obtient les *bu* du produit. » Cette procédure reformule à sa manière la proposition première d'Archimède. Il est également intéressant de noter que l'auteur anonyme, par sa formulation de l'énoncé du problème, pensait que $\pi = 3$, soit une approximation tout de même peu précise.

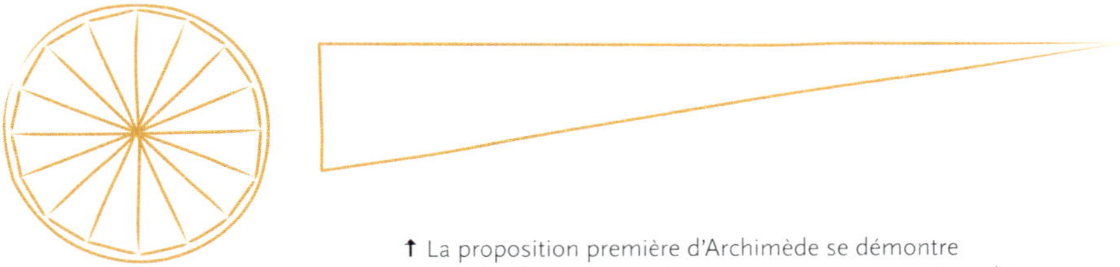

↑ La proposition première d'Archimède se démontre grâce à la division d'un disque en secteurs quasi triangulaires.

LIU HUI, en commentant les *Neuf chapitres* au IIIe siècle, précise le propos de son aîné. Il commence par remarquer que le périmètre d'un hexagone vaut trois fois son diamètre, et que le périmètre d'un cercle est visiblement plus grand que celui d'un hexagone inscrit. En suggérant que $\pi = 3$, l'auteur du texte original se trompe donc manifestement. Conclusion de Liu Hui : « Depuis des générations, on a transmis cette méthode ; c'est que personne n'a voulu la vérifier avec minutie. »

Pour déterminer une valeur plus précise de la circonférence du cercle, Liu « appuie » sur chaque côté de l'hexagone, de manière à construire un dodécagone inscrit, dont il calcule le périmètre. Répétant cette procédure, il obtient successivement les périmètres de polygones à 24, 48 puis 96 côtés. Par des polygones similaires, mais extérieurs au cercle, cette fois, il parvient finalement à montrer que :

$$314+\frac{64}{625} < 100\pi < 314+\frac{169}{625} \quad \text{soit } 3{,}1410 < \pi < 3{,}1427$$

Cet encadrement est très comparable à celui obtenu de son côté par Archimède :

$$3+\frac{10}{71} < \pi < 3+\frac{1}{7} \quad \text{soit } 3{,}1408 < \pi < 3{,}1428$$

Car Archimède a procédé à sa propre évaluation, et ceci par un processus analogue – en doublant le nombre de côtés d'un hexagone jusqu'à obtenir un polygone à 96 côtés. Il est surprenant de constater que ces deux grands esprits, séparés en temps comme en espace, en sont arrivés à la même méthode. Les légères différences de leurs estimations tiennent aux calculs plus soigneux de

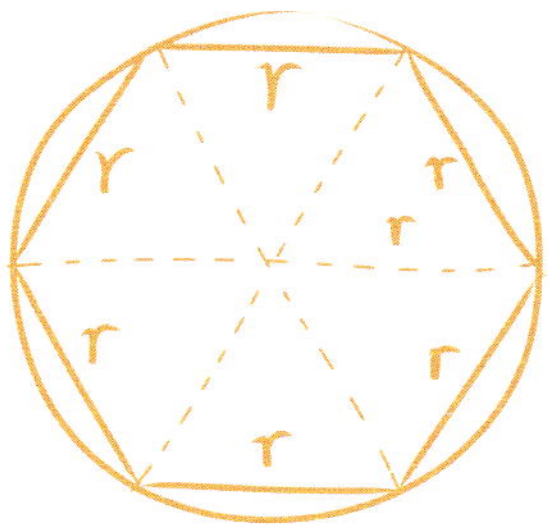

↑ La méthode de Liu Hui pour approcher numériquement le périmètre d'un cercle.

Liu : passé la première étape, en effet, le calcul des périmètres fait appel à des racines carrées qu'il est nécessaire d'approcher par des nombres rationnels.

Et Liu ajoute que sa procédure peut être itérée jusqu'à obtenir des polygones à 3 072 côtés. S'il ne rentre pas dans le détail des opérations, il en donne au moins le résultat :

$$\pi \approx \frac{3927}{1250} \text{ soit } \pi \approx 3{,}1416.$$

Liu est probablement le premier homme sur Terre à avoir trouvé cette approximation désormais si courante !

Assez curieusement, toutefois, il utilise partout ailleurs la valeur approchée dans ses notes aux *Neuf chapitres*. Liu s'est certainement rendu compte qu'une valeur plus précise n'apportait rien dans les problèmes pratiques. Sauf à disposer d'un interféromètre laser, il est en effet impossible de mesurer le diamètre d'un champ à quatre décimales près. Une valeur de π aussi précise ne présente donc aucun intérêt.

Mais Liu a pourtant poussé jusqu'à la quatrième décimale ! Juste pour satisfaire sa propre curiosité… Il se pose ainsi en fondateur d'une longue lignée de « fondus des maths », et plus spécifiquement de « fondus de π », qui, au cours des siècles, ont porté le calcul de π à une précision inimaginable. Bien avant l'avènement de l'informatique, William Shanks s'est par exemple lancé à l'assaut des 707 premières décimales – même si une tragique erreur commise à la 527e s'est propagée à toutes les suivantes. De nos jours, grâce aux ordinateurs, le record dépasse le millier de milliards de décimales.

POUR PÉNÉTRER plus avant dans les mystères de π, il nous faut abandonner ici l'approche géométrique relativement inadéquate de Liu et Archimède. Vers 1500, un mathématicien indien inconnu de l'école du Kerala (peut-être Nilakantha Somayaji ou son prédécesseur Madhava) mit au jour la relation suivante :

$$\frac{\pi}{4} = 1 - \frac{1}{3} + \frac{1}{5} - \frac{1}{7} + \frac{1}{9} - \ldots$$

Cette identité est aujourd'hui appelée « formule de Gregory-Leibniz », du nom de ses premiers découvreurs européens. Des expressions de ce type, reliant π à des sommes infinies de simples fractions, ont été plus faciles à obtenir après l'invention du calcul infinitésimal, à la fin du XVIIe siècle. L'une de mes favorites a été établie par Euler en 1734 :

$$\frac{\pi^2}{6} = 1 + \frac{1}{2^2} + \frac{1}{3^2} + \frac{1}{4^2} + \ldots$$

Il faut prendre le temps d'admirer ces formules. Elles montrent que le nombre π ne relève pas seulement de la géométrie, puisqu'on y reconnaît deux autres grandes branches des mathématiques : l'arithmétique, avec la suite des nombres impairs ou des carrés 1^2, 2^2, 3^2, etc., et l'analyse, avec les sommes (ou séries) infinies. Si Archimède aurait été épaté, Liu serait certainement resté bouche bée. Et passé le premier choc, tous deux se seraient précipités sur tout ouvrage présentant ce nouvel art merveilleux, appelé analyse.

La descente dans les profondeurs de π ne s'arrête pas là : il s'agit d'un nombre irrationnel, ainsi que l'a prouvé Jean-Henri Lambert, en 1761. Environ un siècle plus tard, en 1782, Ferdinand Lindemann a montré un résultat encore plus subtil, à savoir que π est transcendant, une espèce de nombre particulièrement irrationnel[3]. Le théorème de Lindemann apportait une réponse au très célèbre problème de la quadrature du cercle, énoncé par les Grecs dès l'Antiquité : est-il possible de tracer à la règle et au compas

---

3 Un nombre est transcendant s'il ne peut pas être exprimé comme solution d'une équation polynomiale à coefficients rationnels. Le nombre $\sqrt{2}$, par exemple, quoique irrationnel, n'est pas transcendant, puisqu'il est solution de l'équation $x^2 = 2$.

↑ Une mosaïque représentant le symbole π sur le parvis du bâtiment de mathématiques de la Technische Universität, à Berlin.

un carré de même aire qu'un cercle donné ? Une réponse positive à cette question – une méthode pour quarrer le cercle – aurait permis aux Grecs d'étudier π plus facilement. Elle ne viendrait hélas jamais : les rapports transcendantaux ne sont pas constructibles avec les seuls instruments de base de la géométrie.

De nos jours encore, certaines propriétés de π restent inconnues et l'avenir nous réserve sans doute son lot de surprises… Récemment, en 1995, trois mathématiciens – David Bailey, Peter Borwein et David Plouffe – ont découvert une nouvelle formule pour calculer les décimales de π. C'est en quelque sorte la première méthode auto-réparatrice, dans la mesure où toute erreur qui serait commise à la 527e décimale, comme celle de William Shanks, resterait sans incidence sur le reste des opérations. Seul hic, cette propriété d'autocorrection est valable quand π est exprimé en hexadécimal (en base 16), l'un des langages de l'informatique[4]. Si Dieu a créé les nombres, et s'il est vrai que Dieu a créé π, alors peut-être que Dieu est un ordinateur…

[4] En notation hexadécimale, π = 3,243F6A8885A308D3… Les lettres de « A » à « F » désignent les nombres de 10 à 15, représentés par un seul chiffre en base 16.

5
Les paradoxes de Zénon
L'idée d'infini

Deux philosophes importants ont vécu dans la cité d'Élée, aujourd'hui située dans la province de Salerne, en Italie. Parménide, le plus ancien des deux, pensait que tout est un et que le monde perçu diffère du monde réel – un point de vue qui influença profondément Platon.

Zénon, un étudiant de Parménide, reste moins connu par une doctrine particulière que par un style de débat, qualifié de didactique par Aristote, qui consiste à démonter les arguments de son adversaire plutôt qu'à plaider en faveur des siens. Partant de la thèse de son opposant, il s'ingéniait à prouver logiquement son absurdité. Ses raisonnements ont souvent été qualifiés de « paradoxes » car ils semblent aller à l'encontre du sens commun. Supposons, par exemple, que je croie possible de me déplacer du point A au point B. Avant d'atteindre le point B, m'aurait rétorqué Zénon, je dois passer par le point qui marque la moitié du trajet. Mais avant d'atteindre ce mi-chemin, je dois en avoir parcouru la moitié, c'est-à-dire le quart de la distance qui mène à B. En d'autres termes, il me faut accomplir un nombre infini de mouvements avant même de progresser d'un iota sur la route qui mène de A à B ! Tout à fait absurde, remarquait Zénon. Le mouvement est donc impossible.

Un deuxième paradoxe met en scène Achille et une tortue. Celui qui croit au mouvement, affirmait Zénon, doit alors croire que le véloce Achille rattrapera une tortue qui part devant lui. Mais, remarquait-il alors, si Achille court jusqu'à la position initiale de la tortue, celle-ci aura alors légèrement

$$1 + \frac{1}{2} + \frac{1}{4} + \frac{1}{8} + \ldots = 2$$

Les trois points indiquent que la somme se poursuit *ad infinitum*, c'est-à-dire qu'elle ne s'arrête pas après un certain nombre fini d'étapes. Plus formellement, le résultat approchera 2 d'aussi près que l'on voudra, pourvu que l'on prenne en compte un nombre suffisamment grand (mais fini) de termes de la série.

progressé. Et si Achille court jusqu'à cette nouvelle position, la tortue aura entretemps encore progressé. Et ainsi de suite… Là encore, Achille doit accomplir un nombre infini d'actions en un temps fini, ce que Zénon tenait pour parfaitement absurde.

Les paradoxes de Zénon ne résistent pas à l'analyse du mathématicien moderne… Disons que la tortue part avec 1 mètre d'avance et qu'Achille se déplace deux fois plus rapidement qu'elle. Si Achille parcourt 1 mètre en une seconde (ce qui est plutôt lent !), la tortue aura progressé de ½ mètre (ce qui est plutôt rapide !). Après 1 + ½ secondes, Achille et la tortue auront respectivement parcouru 1 + ½ mètres et ½ + ¼ mètre. Et après *n* étapes ?

Les calculs montrent que le temps écoulé s'approchera des 2 secondes. Il vaudra en fait :

$(1 + \frac{1}{2} + \frac{1}{4} + \ldots + \frac{1}{2^n})$ secondes, soit, plus simplement, $(2 - \frac{1}{2^n})$ secondes.

Achille aura parcouru un peu moins de 2 mètres, très exactement $(2 - \frac{1}{2^n})$ mètres.

La tortue aura parcouru la moitié de cette distance, soit $(1 - \frac{1}{2^{n+1}})$ mètre, mais, partie avec un mètre d'avance, elle se trouve à $(2 - \frac{1}{2^{n+1}})$ du point de départ d'Achille. Comme $\frac{1}{2^{n+1}} < \frac{1}{2^n}$ la tortue est plus proche de la borne des deux mètres qu'Achille. Zénon a donc raison d'affirmer qu'après $(2 - \frac{1}{2^n})$ secondes, Achille talonne toujours la tortue.

Nous connaissons donc la position d'Achille et la tortue une fraction de seconde avant les 2 secondes, puis une fraction de fraction ensuite, puis une fraction de fraction de fraction ensuite, etc. Mais nul homme, pas même Zénon, ne saurait arrêter le temps. Le chronomètre finira toujours par atteindre les 2 secondes. Où se trouveront alors Achille et la tortue ? Tous deux à la position vers laquelle ils se rapprochaient inexorablement : à deux mètres du point de départ d'Achille. Nous venons de « passer à la limite », pour parler comme un mathématicien d'aujourd'hui. Quand n tend vers l'infini, les termes $\frac{1}{2^n}$ et $\frac{1}{2^{n+1}}$ tendent vers 0 et disparaissent donc de la valeur limite. En deux secondes, Achille a parcouru 2 mètres et la tortue 1 mètre. Et Achille l'a rattrapée.

Où Zénon se trompe-t-il ? D'abord, il n'a pas été au bout de la formulation mathématique du problème : il a omis une information importante, en l'occurrence le temps écoulé depuis le début de la course. Et plus important encore, lui et les autres Grecs étaient encore trop empêtrés dans le concept d'infini pour pouvoir passer à la limite. En d'autres termes, il leur était impossible de bondir de la somme finie

$$1 + \frac{1}{2} + \frac{1}{4} + \ldots + \frac{1}{2^n} = 2 - \frac{1}{2^n}$$

à la somme infinie

$$1 + \frac{1}{2} + \frac{1}{4} + \ldots = 2$$

Ce n'est pourtant pas faute d'avoir essayé ! Et ils n'ont pas manqué le but de loin. C'est ce qu'il ressort de la *Quadrature de la parabole*, rédigée par Archimède deux siècles ou presque après Zénon.

Dans ce mémoire, qui se présente sous la forme d'une lettre écrite au mathématicien Dosithée, Archimède introduit ainsi ses résultats : « Lorsque j'eus appris que Conon, le seul de mes amis qui me restait encore, était mort ; que tu étais étroitement lié d'amitié avec lui, et très versé dans la géométrie ; [...] je pris la résolution de t'envoyer [...] un théorème de géométrie [...]. J'ai découvert ce théorème d'abord par des considérations de mécanique, et ensuite par des raisonnements géométriques. Parmi ceux qui ont cultivé la géométrie avant nous, quelques-uns ont entrepris de faire voir comment il serait possible de trouver une surface rectiligne égale à un cercle [...]. Ils ont ensuite essayé de quarrer la surface comprise par la section d'un cône entier [i. e. une parabole] et par une droite. »

→ Zénon (vers 334-262 av. J.-C.). Gravure illustrant *The History of Philosophy*, un ouvrage de Thomas Stanley publié à Londres en 1656.

Archimède annonce ensuite que l'aire en question vaut les $4/3$ d'un triangle précisément inscrit dans la région parabolique considérée.

Une telle citation nous en dit long sur la personnalité d'Archimède. Rien de mieux pour consoler l'ami de Conon que de lui envoyer la preuve d'un nouveau résultat mathématique ! Notons aussi la référence à la quadrature du cercle – un sujet sur lequel Archimède avait lui-même travaillé. Même si la solution pour le cercle lui échappe, il parvient à « quarrer », ou à « rectifier » une région courbée différemment, un résultat loin d'être facile à obtenir. Et remarquons enfin qu'il distingue la découverte d'un théorème par « les moyens de la mécanique » de sa preuve « par des raisonnements géométriques ».

POUR DÉMONTRER SON RÉSULTAT, Archimède « pousse » sur deux des côtés du triangle inscrit T, de manière à construire un quadrilatère qui épouse la parabole de plus près. En réitérant le processus, il obtient des polygones à 8 côtés, etc., dont l'aire – montre-t-il – augmente d'un quart de celle ajoutée la fois précédente. Si l'aire du triangle initial vaut 1, celle du quadrilatère

↑ L'aire de la parabole est égale aux $^4/_3$ de l'aire du triangle inscrit.

vaut 1 + ¼ et celle de l'octogone 1 + ¼ + $^1/_{16}$. Après n étapes, il aboutit ainsi à un polygone qui épouse de très près la parabole et qui a pour aire :

$$1+\frac{1}{4}+\frac{1}{4^2}+\ldots+\frac{1}{4^n}$$

En dehors du fait qu'elle fasse intervenir des puissances de 4 et non de 2, cette somme ressemble beaucoup à celle rencontrée lors de notre analyse du paradoxe de Zénon. Archimède montre ensuite qu'ajouter $^1/_3$ du dernier terme à cette série finie donne toujours un total de $^4/_3$, c'est-à-dire que :

$$1+\frac{1}{4}+\frac{1}{4^2}+\ldots+\frac{1}{4^n}+\frac{1}{3}(\frac{1}{4^n})=\frac{4}{3}$$

Pour s'inscrire dans une tradition grecque qui évitait autant que possible les preuves numériques, Archimède se devait de recourir à la géométrie pour démontrer ce résultat. Reportons-nous au schéma présenté ci-dessous et supposons que l'aire de la forme en L, notée *A*, soit égale à 1. Alors l'aire du grand carré qui la contient vaut $^4/_3$ – car ce carré se décompose en quatre carrés égaux dont trois se réunissent pour former *A*. D'autre part, ce grand carré peut entièrement disparaître sous une succession de formes en L de plus en plus petites, auxquelles s'ajoute un petit carré, noté *D*, dans le coin en bas à droite. L'aire de toutes ces pièces correspond au membre gauche de l'identité présentée ci-dessus. Les deux parties sont donc égales.

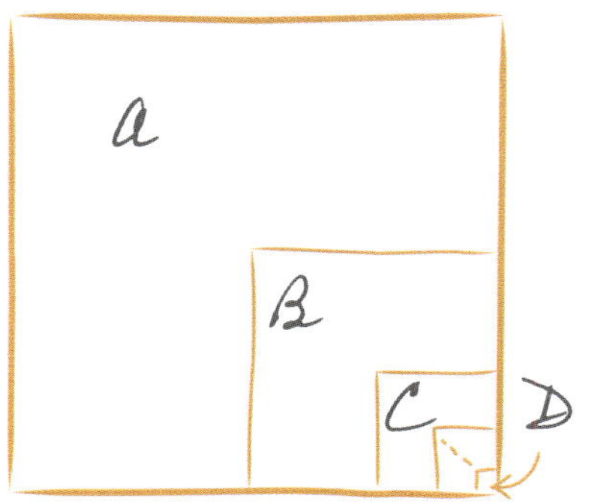

← Le grand carré équivaut aux $^4/_3$ de la région *A*.

Quel formidable argument ! Notons qu'Archimède s'arrête après *n* étapes, qu'il ne laisse pas la procédure courir jusqu'à « l'infini ». Un mathématicien moderne ne s'embarrasserait plus de tels scrupules. La parabole est « épuisée » par des triangles successifs, tout comme le carré est épuisé par les formes en L successives. En passant à la limite quand *n* tend vers l'infini, un mathématicien d'aujourd'hui conclurait que l'aire de la parabole est égale à l'aire du carré, c'est-à-dire égale à $4/3$. En d'autres termes, il utiliserait le résultat suivant :

$$1 + \frac{1}{4} + \frac{1}{4^2} + \ldots = \frac{4}{3}$$

Cette série est dite « géométrique », précisément en raison du contexte historique qui l'a vue naître. Ses termes successifs décroissent selon un rapport constant. Dans le cas du paradoxe de Zénon, ce rapport (ou cette « raison » selon l'expression consacrée) valait $1/2$, ici il vaut $1/4$. La règle générale, assez facile à deviner, s'écrit ainsi :

$$1 + \frac{1}{r} + \frac{1}{r^2} + \ldots = \frac{r}{r-1}$$

Les mathématiques de son temps ne permettaient malheureusement pas à Archimède de franchir ce pas ultime. Il a donc dû recourir à une ingénieuse argumentation, type *reductio ad absurdum*. Comme Zénon avant lui, il raisonne contre un contradicteur imaginaire : tu ne crois pas que l'aire de la parabole vaille $4/3$? D'accord. Mais en ce cas tu dois me dire si cette aire est supérieure ou inférieure à $4/3$. Si le contradicteur la pensait plus grande, Archimède lui montrait par une technique de subdivision qu'il l'avait surestimée. Dans le cas contraire, il lui montrait qu'il l'avait sous-estimée. D'une manière ou d'une autre, le contradicteur devait concéder que l'aire valait bien $4/3$.

Avec le recul, on mesure le chemin parcouru par Archimède[5]. Il se sert de l'infini pour découvrir de nouvelles vérités – un bond en avant prodigieux.

---

[5] Archimède ne cheminait pas seul. On doit par exemple à Eudoxe de Cnide (408-355 av. J.-C) cette « méthode d'exhaustion » qu'Archimède emploie ici à si bon escient.

6
Soulever le monde
La loi du levier

Archimède est né à Syracuse vers 287 av. J.-C. Ses contemporains le considéraient plutôt comme un physicien ou un concepteur de machines que comme un mathématicien – lui n'en aurait sûrement pas renié le titre. Archimède était très fier d'avoir prouvé que le volume d'une sphère équivaut aux ⅔ de son cylindre circonscrit, soit $V = (4/3)\pi r^3$. Il demanda même à ce qu'une sphère et un cylindre soient représentés sur son tombeau.

Archimède allia les mathématiques appliquées, la géométrie et la notion d'infini encore balbutiante au service d'une œuvre brillante. Aujourd'hui, il reste surtout associé au célèbre « Eurêka ! » qu'il aurait lancé en courant nu dans les rues. La légende raconte que le roi Hiéron, ami et protecteur d'Archimède, désirait savoir si une certaine couronne était bien faite d'or pur. Archimède se serait trouvé dans sa baignoire quand la solution lui apparut : une couronne en alliage est moins dense qu'une couronne en or pur ; immergée dans un bac, elle déplace donc un volume d'eau supérieur à celui d'une couronne en or de même poids.

De telles anecdotes abondent en histoire des sciences. Nous avons déjà rencontré celle de ce pythagoricien, Hippase, qui aurait été jeté à la mer, et nous en viendrons bientôt à une autre, liée à la découverte de la gravitation.

$$d_1 w_1 = d_2 w_2$$

Un poids w situé à une distance d_1
du point d'appui d'un levier s'équilibre
avec un poids w_2 situé à une distance d_2.

Plus prosaïquement, notre savant rédigea ici un *Traité des corps flottants* dans lequel il formule ce qui est devenu le « principe d'Archimède » : Un corps (qu'il flotte ou qu'il soit entièrement immergé) subit une poussée égale au poids de l'eau qu'il déplace.

De ce principe, il est possible de déduire une formule qui donne la densité d'un objet plongé dans l'eau. En notant ρ_{corps} la densité de l'objet, ρ_{fluide} la densité du fluide (qui par convention vaut 1 dans le cas de l'eau), $w_{\text{réel}}$ le poids réel de l'objet et $w_{\text{immergé}}$ son poids apparent quand il est complètement immergé, alors :

$$\rho_{\text{corps}} / \rho_{\text{fluide}} = w_{\text{réel}} / (w_{\text{réel}} - w_{\text{immergé}})$$

Cette formule permet de calculer la densité de la couronne directement, sans devoir la comparer avec une couronne en or de même poids. Archimède n'aboutit probablement pas à cette conclusion du jour au lendemain, et il est même presque certain qu'il y était parvenu avant que le roi Hiéron ne lui demande quoi que ce soit. La légende, comme souvent, a enjolivé l'histoire.

Le principe d'Archimède et la formule de densité s'appliquent encore couramment de nos jours. Le reste du *Traité*, qui fait la part belle à l'étude attentive de la flottabilité de corps de diverses formes, a marqué les débuts de l'architecture navale en tant que science constituée.

Archimède procéda également à de nombreuses expériences sur les leviers et les poulies. La légende rapporte ici que le savant aurait lancé au roi Hiéron, émerveillé par la puissance des machineries qui lui étaient présentées : « Donnez-moi un point d'appui et je soulèverai le monde. » Archimède maîtrisait de fait la loi du levier, $d_1w_1 = d_2w_2$, qui exprime la relation entre les poids de deux objets (w_1 et w_2) en équilibre sur un levier à des distances d_1 et d_2 du point d'appui. De cette formule s'ensuit qu'un poids plus léger peut contrebalancer un poids plus lourd. Un homme de 80 kg, par exemple, hissera une charge de 800 kg s'il la dépose à l'une des extrémités du levier et qu'il se place lui-même de l'autre côté, au moins 10 fois plus loin du point d'appui.

Archimède fit souvent appel à la loi du levier, non seulement quand il s'appliquait à la construction de machines, mais aussi dans le cadre de ses recherches mathématiques. Comme nous l'avons vu, il a d'abord découvert l'aire d'une parabole « par des considérations de mécanique » avant de

↓ « Donnez-moi un point d'appui et je soulèverai le monde » – gravure sur bois représentant Archimède au travail, reproduite sur la page de titre du *Mechanic's Magazine*, London, 1824.

la prouver « par des raisonnements géométriques ». La méthode présentée plus haut, exploitant une succession de polygones, était en fait sa seconde démonstration. La première faisait appel à une démarche différente, tout aussi ingénieuse, qui consistait à découper la parabole en plusieurs morceaux, puis à équilibrer ces morceaux par des aires rectangulaires, de poids connu, qu'il plaçait de l'autre côté d'un levier. Il affectionnait ce type de méthodes. Il semble cependant qu'il ait jugé la loi du levier trop informelle, ou peut-être trop empirique, pour en faire état dans un cadre purement mathématique. Après donc avoir « découvert » le théorème avec des leviers, il s'est senti obligé de le confirmer selon une voie qu'Euclide aurait approuvée.

ARCHIMÈDE A EU LE BONHEUR de vivre l'essentiel de sa vie pendant les 54 ans du règne prospère et tranquille du roi Hiéron. Cette période pacifique prit malheureusement fin avec la charge lancée contre Syracuse, après que le fils de Hiéron se fut aliéné un Empire romain de plus en plus puissant.

Archimède repoussa l'assaut presque à lui seul, grâce aux engins qu'il avait conçus et qui catapultaient toutes sortes de projectiles avec une précision jusqu'alors inconnue. Selon Plutarque, les dispositifs d'Archimède effrayèrent tant les Romains « qu'à la vue seule d'une corde ou d'un pieu de bois qui paraissait sur la muraille, ils tournaient le dos et prenaient la fuite, en criant que c'était quelque nouvelle machine qu'Archimède allait lancer contre eux ».

En dernier ressort, le général romain, Marcellus, instaura un siège. Deux ans plus tard, les assaillants prenaient la ville. Marcellus donna l'ordre d'épargner la vie du savant, mais, à ce que rapporte la légende, ce dernier méditait agenouillé devant quelque figure géométrique quand un soldat romain voulut forcer le passage. « Ne dérange pas mes cercles ! » aurait lancé Archimède. Irrité par l'impudence de cet inconnu, le soldat lui aurait alors passé l'épée à travers le corps.

PARTIE DEUX

La découverte du Nouveau Monde

En ce 10 août 1548,

une foule de curieux se presse dans la nef de l'église Santa Maria del Giardino, à Milan en Italie. Elle ne vient pas assister à une messe, non, mais plutôt à l'équivalent mathématique d'un duel de cow-boys. Avec son esprit pour seule arme, le Vénitien Niccolò Tartaglia doit affronter en combat singulier Ludovico Ferrari, un garçon qui a jadis quitté sa campagne pour entrer au service d'un célèbre citoyen de Milan, le médecin, joueur et touche-à-tout intellectuel Girolamo Cardano (ou Jérôme Cardan).
Ce dernier, curieusement, reste introuvable. C'est pourtant lui qui, trois ans plus tôt, en publiant une formule mathématique que Tartaglia lui avait confiée sous le sceau du secret, est à l'origine de tout ce ramdam. Aujourd'hui, l'excuse d'une affaire pressante le retient hors de la ville, de sorte qu'il s'agit pour son assistant seul, probablement meilleur mathématicien que lui, de défendre son honneur.
L'allure de ces deux champions de l'esprit n'aurait pas dénoté lors d'une bagarre au creux d'une ruelle sombre. Un coup de sabre avait défiguré Tartaglia dans sa jeunesse, lors du pillage de sa ville natale, Brescia, par l'armée française en 1512. S'il cachait depuis sa cicatrice sous une barbe abondante, la blessure lui avait laissé un défaut de prononciation à l'origine de son surnom : Tartaglia, c'est-à-dire le bègue. Quant à Ferrari, les quelques doigts qui manquaient à sa

main droite témoignaient d'une enfance non moins troublée. Nous ne connaîtrons jamais les détails précis de la scène, mais la joute spirituelle a apparemment viré à l'échange d'invectives. Ferrari semble s'en être mieux sorti, dans la mesure où le gouverneur de Milan, présent sur les lieux, l'embaucha... au service des impôts. De son côté, Tartaglia perdit un poste d'enseignant tout juste acquis à Brescia, et mourut neuf ans plus tard. Cardan, par qui tout avait commencé, continua, honneur sauf, sa vie d'homme éclairé de la Renaissance.

Cette drôle de confrontation dans une église marquait le dernier acte de l'une des plus tristes pièces de l'histoire des mathématiques : la querelle de priorité à propos de la première vraie découverte européenne depuis la chute de l'Empire romain. Jusqu'au début du XVIe siècle, en effet, l'Europe occidentale s'était principalement attachée à combler son retard sur le reste du monde. Dans la mesure où elle ne figurait dans aucun livre, la formule que Tartaglia avait confiée à Cardan – aujourd'hui baptisée de manière assez injuste « formule de Cardan » – se compare parfois à la découverte de l'Amérique. De fait, elle inaugura une ère d'exploration qui modifierait la carte des mathématiques aussi profondément que l'aventure de Christophe Colomb avait bouleversé celle du monde physique.

7

Le secret du bègue

La formule de Cardan

L'histoire de la formule de Cardan remonte à plus de 3 000 ans. Entre 1850 et 1650 av. J.-C., les Babyloniens commencèrent en effet à s'intéresser à des problèmes comme celui-ci : trouver deux nombres dont le produit et la différence fassent respectivement 60 et 7. De nos jours, un mathématicien désignerait les deux inconnues par x et y, et noterait que $y = 60/x$, d'où $x - 60/x = 7$, soit $x^2 - 7x - 60 = 0$. Il appliquerait ensuite la célèbre formule, dite parfois « quadratique », en vertu de laquelle les solutions d'une équation du second degré quelconque, $ax^2 + bx + c = 0$, sont données par :

$$x = \frac{-b \pm \sqrt{b^2 - 4ac}}{2a}$$

En prenant $a = 1$, $b = -7$ et $c = -60$, il obtiendrait ainsi $x = 12$ et $y = 60/12 = 5$, et l'affaire serait réglée.

Mais les Babyloniens ne disposaient pas de nos outils algébriques. Un scribe approchait le problème de manière plus intuitive, en traçant un rectangle dont les côtés représentaient les inconnues x et y, en le découpant en morceaux, puis en le réarrangeant de façon à obtenir la forme en L présentée page 62. Il aurait ensuite « complété » la figure en ajoutant un petit carré d'aire connue dans le coin resté vide. Une méthode de résolution similaire, appelée « complétion du carré », est encore parfois enseignée au collège, en avant-goût

$$x = \sqrt[3]{\frac{q}{2} + \sqrt{\frac{q^2}{4} + \frac{p^3}{27}}} - \sqrt[3]{-\frac{q}{2} + \sqrt{\frac{q^2}{4} + \frac{p^3}{27}}}$$

La formule de Cardan fournit les solutions de l'équation réduite du troisième degré $x^3 + px = q$.

de la formule quadratique, mais le plus souvent sans aucune référence à sa signification géométrique ou à son contexte historique.

Les autres civilisations anciennes « connaissaient » aussi la formule quadratique, ou du moins savaient résoudre les équations du second degré par des méthodes équivalentes. Euclide utilisait une construction géométrique qui produisait un segment de droite de la longueur désirée. En Inde au VIIe siècle, Brahmagupta, que nous avons déjà évoqué à propos du zéro, exposait une méthode de résolution qui consistait essentiellement à décrire la formule quadratique en mots plutôt qu'en symboles.

Mais il en allait tout autrement de la résolution des équations du troisième degré[6], dites aussi « cubiques », $ax^3 + bx^2 + cx + d = 0$. En 1494, Luca Pacioli, un mathématicien italien, affirma même que ce type d'équations ne pourrait sans doute *jamais* être résolu exactement. L'histoire devait lui donner tort à peine une génération plus tard !

---

[6] À l'exception notable d'Omar Khayyam (1050-1130). Ce mathématicien et poète persan montra comment résoudre une large classe d'équations cubiques par des constructions géométriques (en trouvant le point d'intersection d'une parabole et d'un cercle, par exemple). Ses résultats, toutefois, ne se traduisent pas facilement en nombres et ne le disputent pas aux travaux ultérieurs de Tartaglia et Cardan.

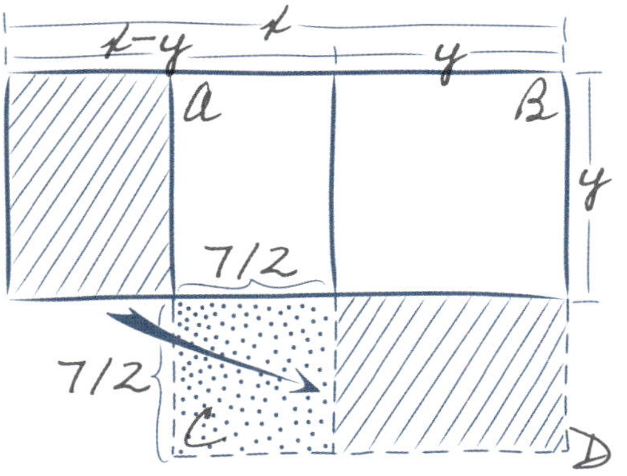

← La « complétion » du carré.

Au début du XVIe siècle, Scipione del Ferro, un mathématicien de Bologne, proposa une méthode pour résoudre les équations cubiques sans termes quadratiques, c'est-à-dire les équations de la forme $x^3 + px = q$. De nos jours, un mathématicien qui découvrirait pareil résultat s'empresserait de le publier. Mais dans l'Italie de l'époque, la réputation d'un mathématicien se construisait en gagnant des disputes. En ne révélant pas sa méthode, del Ferro gardait sous le coude un problème que ses adversaires ne sauraient pas résoudre. Ce n'est que sur son lit de mort qu'il confia finalement son secret à deux de ses étudiants, Antonio Maria del Fiore et Annibale della Nave.

La rumeur de la découverte de del Ferro se propagea pourtant rapidement. Au début des années 1530, Tartaglia prétendit qu'il savait lui aussi résoudre les équations cubiques. Pensant à un coup de bluff, del Fiore le défia imprudemment. La légende (sans doute un peu trop belle pour être vraie) veut que Tartaglia ait trouvé sa propre méthode la veille des débats, infligeant ainsi une sévère défaite à del Fiore.

Alors comment Cardan s'appropria-t-il une formule qui aurait dû porter le nom de Tartaglia ou del Ferro ? L'affaire surprend moins quand on connaît la description que Cardan fait de lui-même dans son autobiographie : « irascible, naïf et porté à l'amour », autant de traits de caractère qui le poussent à « la violence, l'opiniâtreté dans la discussion, la rudesse, l'imprudence, la susceptibilité, [...] la vengeance ». Cardan avait étudié la médecine à l'université de Padoue, mais, peut-être en raison de sa personnalité fantasque, s'était vu interdit d'exercer à Milan jusqu'en 1539. Bien avant cette date, toutefois, il avait été reconnu pour ses talents d'orateur et d'écrivain, qu'il dédiait à de nombreux sujets, dont les mathématiques.

Cardan rédigeait précisément son traité intitulé *Practica arithmeticae generalis* quand il demanda à Tartaglia de lui exposer sa méthode de résolution des équations cubiques. Ce dernier refusa tout d'abord, au motif qu'il envisageait lui-même d'écrire un livre. Mais Cardan le persuada de venir au moins lui rendre visite. Et dans la nuit du 25 mars 1539, après avoir fait jurer une totale discrétion à son hôte, Tartaglia révéla son secret.

Et ce secret, le voici ! Pour en faciliter la compréhension, j'ai placé au regard du texte sa traduction en symboles. Par « les choses », Tartaglia entend la quantité inconnue x, par « le cube » il entend x^3, par le « nombre de choses » il entend p. Tartaglia cherche à résoudre l'équation $x^3 + px = q$, où les nombres p et q sont positifs. (Ce dernier point n'a aujourd'hui plus aucune importance, mais ce n'était pas le cas au XVIe siècle, les mathématiciens se montrant aussi sceptiques sur les nombres négatifs que les Babyloniens du Xe siècle av. J.-C.)

Tartaglia	*Algèbre*
Quand le cube avec les choses	Quand $x^3 + px$
Est égalé à un certain nombre Trouves-en deux autres qui de lui diffèrent.	$= q$, Trouve u et v tels que $u - v = q$,
Alors tu prendras comme règle	
Que leur produit soit égal	Et tels que $uv =$
Au tiers des choses, au cube exactement	$(\frac{p}{3})^3$
Ensuite le reste général	Alors
De leurs racines cubiques bien soustraites	$\sqrt[3]{u} - \sqrt[3]{v}$
Vaudra ta chose principale.	$= x$

La formule de Tartaglia est une « complétion du cube » bien cachée, qui, par l'introduction de deux variables auxiliaires, u et v, ajoute astucieusement une étape à la procédure babylonienne Voici comme fonctionne la méthode sur l'équation $x^3 + 6x = 20$, un exemple également considéré par Cardan. Tartaglia nous demande de trouver deux nombres u et v tels que $u - v = 20$ et $uv = (6/3)^3 = 8$. Ce couple d'équations se résout par l'emploi de la formule quadratique et conduit aux solutions (positives) $u = 10 + 6\sqrt{3}$ et $v = -10 + 6\sqrt{3}$. Il nous faut maintenant trouver les racines cubiques de u et v. Dans un cadre général, nous devrions recourir à une approximation, qu'elle soit obtenue à la main ou à l'aide d'un boulier. Mais dans ce cas particulier, les racines cubiques prennent une forme exacte :

$$\sqrt[3]{u} = \sqrt{3} + 1 \text{ et } \sqrt[3]{v} = \sqrt{3} - 1$$

↓ La page de titre de l'*Ars magna* de Cardan, publié en 1545, le premier grand livre d'algèbre rédigé en latin.

Il nous reste finalement à soustraire ces deux racines pour obtenir la solution :

$$x = (\sqrt{3} + 1) - (\sqrt{3} - 1) = 2$$

CARDAN HONORA UN CERTAIN TEMPS sa promesse de garder secrète la méthode de Tartaglia. Mais avec les années, plusieurs événements contribuèrent à exacerber son désir de la publier. D'abord, lui et son protégé Ferrari généralisèrent la procédure en montrant comment une équation cubique quelconque se réduisait à la forme de del Ferro ou à l'une de 12 autres formes fondamentales. En second lieu, Ferrari « inventa à ma requête » (comme l'écrivit Cardan) une méthode pour résoudre les équations quartiques, c'est-à-dire du quatrième degré. Cette dernière découverte est bien plus remarquable que l'expression désinvolte de Cardan ne le laisse supposer. Il avait fallu trente siècles pour passer de la quadratique à la cubique, et seulement quatre ans à Ferrari pour se hisser jusqu'à la quartique ! Malheureusement, sa solution nécessitait celle de la cubique à une étape intermédiaire, de sorte que la promesse faite à Tartaglia se dressait désormais comme un obstacle à sa publication.

HIERONYMI CAR
DANI, PRÆSTANTISSIMI MATHE-
MATICI, PHILOSOPHI, AC MEDICI,
ARTIS MAGNÆ,
SIVE DE REGVLIS ALGEBRAICIS,
Lib. unus. Qui & totius operis de Arithmetica, quod
OPVS PERFECTVM
inscripsit, est in ordine Decimus.

HAbes in hoc libro, studiose Lector, Regulas Algebraicas (Itali, de la Cossa uocant) nouis adinuentionibus, ac demonstrationibus ab Authore ita locupletatas, ut pro pauculis antea uulgò tritis, iam septuaginta euaserint. Neq; solum, ubi unus numerus alteri, aut duo uni, uerum etiam, ubi duo duobus, aut tres uni æquales fuerint, nodum explicant. Hunc aũt librum ideo seorsim edere placuit, ut hoc abstrusissimo, & planè inexhausto totius Arithmeticæ thesauro in lucem eruto, & quasi in theatro quodam omnibus ad spectandum exposito, Lectores incitarẽtur, ut reliquos Operis Perfecti libros, qui per Tomos edentur, tanto auidius amplectantur, ac minore fastidio perdiscant.

À ce stade, Cardan trouva une ingénieuse échappatoire. En 1543, il retrouva à Bologne l'autre étudiant de del Ferro, della Nave, et établit que les deux méthodes de résolution de la cubique étaient identiques. Se sentant ainsi libéré de sa promesse, il publiait deux ans plus tard son œuvre mathématique majeure, *Ars magna* (« *Le grand art* »), qui traitait en détail des cubiques et des quartiques.

Tartaglia, bien sûr, prit l'opération comme une trahison. Il répliqua par une volée de lettres ouvertes injurieuses, puis par un livre. Loin de se jeter dans la mêlée, Cardan laissa Ferrari répondre à sa place… avec le résultat victorieux déjà évoqué.

Il pourrait paraître injuste que la formule de la cubique porte aujourd'hui le nom de Cardan – et non celui de del Ferro, Tartaglia, voire Ferrari. Mais comme nous l'avons déjà remarqué dans le chapitre précédent, les mathématiques se développent avec d'autant plus de vigueur qu'elles sont communiquées librement. Il ne suffit pas de découvrir l'Amérique ; il faut encore le faire savoir. Seul Cardan franchit ce pas, et il en récolta les lauriers.

LA FORMULE DE CARDAN a connu une fortune qui a largement dépassé les strictes bornes du problème auquel elle s'appliquait. Elle a compté pour beaucoup, par exemple, dans l'introduction des imaginaires en mathématiques, un type de nombres qui se distinguent par leur carré négatif, une propriété que ne partage aucun nombre réel. Ces imaginaires permettent d'affirmer que -1 a deux racines carrées, notées i et $-i$. On peut ensuite définir les nombres complexes, des nombres caractérisés par une partie réelle et une partie imaginaire, comme $1 + 2i$.

Ni les mathématiques, ni même la physique, ne pourraient plus aujourd'hui se passer des nombres complexes. En mécanique quantique, par exemple, les particules élémentaires comme le photon sont définies par des « fonctions d'onde » qui, prises en un certain point, pourront valoir $0{,}2 + 0{,}3i$. La partie imaginaire de cette fonction rend compte des propriétés ondulatoires – ou de la « phase » – du photon ; elle explique pourquoi un faisceau lumineux qui passe à travers deux fentes forme un motif de diffraction et non deux barres lumineuses (nous y reviendrons avec l'expérience de Youg, décrite au

↑ Ptolémée et Euclide représentés sur une vignette tirée de la page de titre des *Opera omnia* (1663) de Cardan.

chapitre 18). De ce point de vue, les nombres imaginaires s'inscrivent de manière très concrète dans la fabrique de l'univers.

Avant la formule de Cardan, il ne serait venu à l'idée de personne d'affirmer que -1 admettait deux racines carrées imaginaires – autant demander à un enfant combien de copains et copines imaginaires il compte inviter à son anniversaire ! Après Cardan, les mathématiciens, tel Raphael Bombelli en 1572, ont commencé à se rendre compte que ces nouveaux amis laissaient parfois des cadeaux bien réels en quittant la fête. L'équation $x^3 = 15x + 4$, par exemple, admet une solution réelle, $x = 4$, ce que chacun peut vérifier par une simple substitution. D'un autre côté, l'application de la formule pour la cubique donne ici :

$$x = \sqrt[3]{2 + \sqrt{-121}} + \sqrt[3]{2 - \sqrt{-121}}$$

Cardan lui-même ne s'intéressait pas à des résultats aussi manifestement absurdes. Bombelli comprit pourtant qu'il était possible de leur donner sens, et qu'en l'occurrence la première racine valait $2 + i$ et la seconde $2 - i$. En additionnant les deux, on obtenait $x = (2 + i) + (2 - i) = 4$. Les quantités imaginaires s'évanouissaient après nous avoir menés à bon port !

De nos jours, heureusement, plus personne n'attend d'un étudiant qu'il connaisse la formule de Cardan. Mais elle en a fait plancher plus d'un ! Albert Einstein, par exemple, l'a utilisée pour résoudre un problème posé en examen – en dépit d'une légende persistante qui campe un futur savant très peu doué pour les mathématiques.

Après la cubique et la quartique, on aurait pu s'attendre à ce que la quintique, ou équation du cinquième degré, tombe peu après. Curieusement, pourtant, aucun progrès décisif n'a été effectué pendant les 250 années qui suivirent. Divers cas particuliers, certes, ont été traités, mais aucune solution universelle, applicable à toutes les quintiques, n'a été découverte.

En 1824, un mathématicien norvégien nommé Niels Henrik Abel démontra finalement qu'une formule à la Cardan pour l'équation du cinquième degré ne pouvait pas exister. (L'expression « à la Cardan » se rapporte à une formule constituée de racines carrées, cubiques, quatrième, etc., éventuellement imbriquées les unes dans les autres. Les mathématiciens parlent plus précisément de « solutions par radicaux ».) Ce théorème d'Abel, qui avait tout pour clore un chapitre des mathématiques, en a de fait ouvert un autre. Il a permis aux mathématiciens de mieux comprendre la notion de symétrie, comme nous le verrons au chapitre 14.

8
La marche des cieux
Les lois de Kepler

Une grande bataille de la science des XVIe et XVIIe siècles se livra aussi sur une théorie souvent qualifiée de « révolutionnaire », même si le terme, dans son acception historique, ne se justifie pas entièrement. En 1543, à l'article de la mort, Nicolas Copernic publia *De revolutionibus orbium coelestium*, un ouvrage qui plaçait le Soleil, et non plus la Terre, au centre du système solaire. Bien que ce système aille à l'encontre de la vision cosmologique des autorités religieuses de son temps, l'idée ne présentait en fait rien de fondamentalement nouveau. Dès le IVe siècle av. J.-C. en effet, le philosophe grec Aristarque de Samos avait proposé un modèle héliocentrique de l'Univers.

Au début du XVIe siècle, deux événements contribuèrent pourtant à exposer la théorie « copernicienne » (« aristarchienne » !) sous les feux d'une violente controverse. L'invention de la lunette, d'abord, en 1608, puis, grâce à elle, la découverte par Galilée de quatre petits satellites en orbite autour de Jupiter. Cette observation prouvait de manière on ne peut plus directe que les objets célestes ne tournaient pas tous autour de la Terre, et sonnait donc le glas de la théorie géocentrique de l'Univers.

Galilée mérite sans doute son statut de grand champion de la théorie copernicienne : traduit en justice par l'Inquisition en 1633 pour avoir soutenu

$$r(\theta) = \frac{p}{1 + \varepsilon \cos(\theta)}$$

$$r^2(t)\,\frac{d\theta}{dt} = C_1$$

$$T = C_2 R^{3/2}$$

La fonction *r* décrit la distance d'une planète au Soleil par rapport à son angle zodiacal θ, qui dépend lui-même du temps *t*. La lettre *T* désigne la période de la planète, c'est-à-dire la durée d'une révolution complète autour du Soleil. Les constantes *p* et *R* rendent compte (en gros) de la largeur et la longueur de l'orbite. L'excentricité ε mesure la déviation de l'orbite par rapport à un cercle parfait. Les constantes C_1 et C_2 sont des données expérimentales relatives à chaque planète.

que la Terre ne se trouvait au centre de l'Univers, il fut forcé de se rétracter et assigné à domicile pour le reste de sa vie. En la personne de Johannes Kepler, cependant, l'histoire connaît un second héros, peut-être moins célèbre, mais tout aussi méritant.

Bien qu'il soit d'abord considéré comme un astronome, Kepler possédait un réel talent pour les mathématiques et un goût certain pour les conjectures audacieuses. Il était capable de détecter des régularités là où personne ne les avait vues avant lui – et parfois même quand elles n'existaient pas ! Pour donner un exemple, quand Galilée annonça qu'il avait découvert quatre satellites à Jupiter, Kepler conjectura que Mars devait en posséder deux et Saturne huit, de façon à satisfaire la progression géométrique : 1 (Terre), 2 (Mars), 4 (Jupiter), 8 (Saturne). Il avait vu juste pour Mars, mais nous connaissons aujourd'hui 63 satellites à Jupiter et 62 à Saturne…

Avec un tel tempérament spéculatif, on comprend facilement que Kepler ait compté parmi les premiers savants à embrasser sans réserve la théorie copernicienne. Il est un peu plus surprenant de le voir reprocher à Galilée une certaine frilosité. En 1597, quand ce dernier lui écrivit qu'il pensait comme Copernic mais n'osait pas publier son opinion, Kepler lui répondit : « J'aurais souhaité, cependant, que doué d'une aussi haute intelligence, vous prissiez une autre position. [...] Ayez confiance, Galilée, avancez ! » Galilée se tut encore treize ans, jusqu'à ce que sa découverte des satellites de Jupiter, précisément, lui apporte la preuve dont il avait besoin pour « avancer ».

DE NOS JOURS, la renommée de Kepler repose sur trois lois mathématiques qu'il a découvertes en analysant les observations méticuleuses relevées par son premier patron, l'astronome danois Tycho Brahe. Avec elles, il jette un pont entre une astronomie ancienne, à vocation essentiellement descriptive, et un nouveau style, plus explicatif. Ses lois restent descriptives, certes, mais se vérifient si précisément qu'elles se passent presque de preuves mathématiques. C'est à Isaac Newton, en 1686, soit en gros trois quarts de siècle plus tard, qu'il reviendra de les démontrer.

La première loi de Kepler affirme que les planètes décrivent des ellipses – et non des cercles – dont le Soleil occupe l'un des foyers. En langage mathématique, elle s'écrit de la manière suivante :

$$r(\theta) = \frac{p}{1 + \varepsilon \cos(\theta)}$$

Ici, $r(\theta)$ désigne la distance de la planète au Soleil quand elle se trouve à θ degrés de l'aphélie, le point de l'orbite le plus éloigné du Soleil ; p désigne la distance de la planète au Soleil quand elle se trouve à 90° de l'aphélie ; et ε désigne l'excentricité, ou la déviation par rapport au cercle, de l'orbite planétaire. Remarquons que si ε est nul, l'équation devient alors $r(\theta) = p$, ce qui signifie que la distance de la planète au Soleil est constante. Dans ce cas, et dans ce cas seulement, l'orbite est circulaire.

Par une légère ironie du sort, la première loi de Kepler déroge à un héliocentrisme de stricte obédience, dans la mesure où le Soleil ne se situe plus au centre de l'orbite, mais légèrement à côté. Le plus important reste que la loi de Kepler tranche nettement avec la tradition multiséculaire qui s'essayait à décrire les orbites planétaires par des cercles ou par des combinaisons complexes de mouvements circulaires. Aristote considérait le cercle comme la courbe la plus parfaite, et, partant, comme la seule courbe propre à décrire le mouvement des corps célestes. Ptolémée, au IIIe siècle, avait perfectionné le système d'Aristote en un arrangement extraordinairement

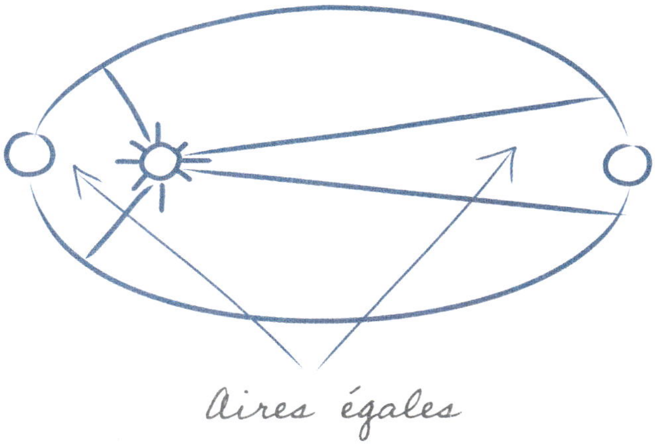

La deuxième loi de Kepler : un segment de droite joignant la planète au Soleil balaie des aires égales en des temps égaux.

complexe de mouvements circulaires imbriqués les uns dans les autres, sans pour autant que le modèle prédise la position des planètes avec une grande précision. La loi de Kepler, vue d'un œil moderne, brille par l'élégance de sa simplicité – deux nombres suffisent à la détermination d'une orbite planétaire : p et ε.

Et Kepler ne s'arrêta pas là ! Deux autres régularités qu'il avait découvertes dans les données de Tycho Brahe ont accédé au statut de « lois ». La deuxième loi de Kepler affirme que les planètes accélèrent en approchant du Soleil et ralentissent quand elles s'en éloignent, et cela d'une manière quantifiable : l'aire que balaie une planète durant un certain temps reste identique, quelle que soit la position de la planète sur l'orbite. Comme la Terre est à sa plus courte distance du Soleil au périhélie, elle doit alors balayer un triangle plus large que quand elle est à son aphélie, comme l'illustre le schéma ci-dessus.

En raison de l'orbite quasi-circulaire de la Terre (ε = 0,0167), la plupart d'entre nous n'avons pas conscience de ces différences subtiles. Mais elles nous affectent pourtant plus profondément que nous ne l'imaginons. De nos jours, la Terre s'approche au plus près du Soleil pendant l'hiver de l'hémisphère Nord, ce qui signifie que les hivers sont en quelque sorte plus courts (et plus doux) que si le périhélie avait lieu durant l'été. Cet état de fait ne durera pas éternellement. Dans 13 000 ans environ, la situation s'inversera, et nous connaîtrons alors des hivers plus longs et plus rigoureux. C'est à des variations de ce type qu'ont été attribuées les grandes périodes glaciaires.

Cap. XXIV.

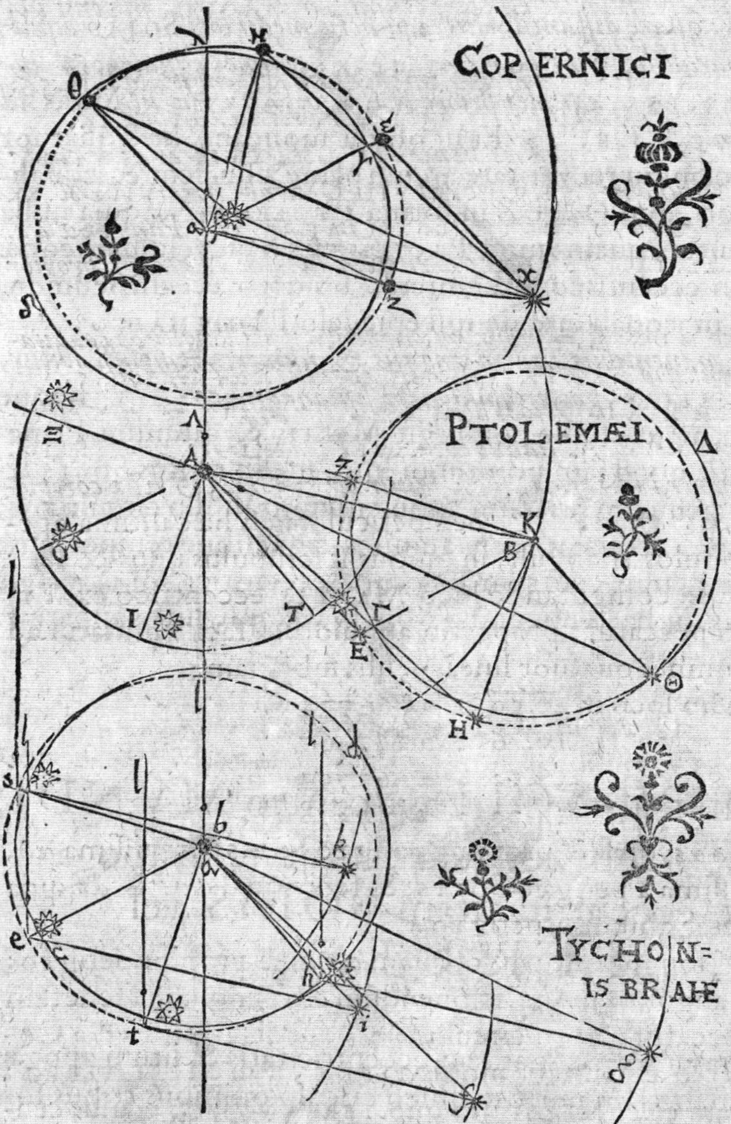

strabitur (ut prius) iisdem plane numeris, lineis & angulis, has lineas præter opinionem esse inæquales, ac propterea Martem non in circulo ΓΔ *versari, cujus sit centrum in* K *puncto æqualitatis motus, sed in* ZEHΘ *circulo, cujus centrum a* K *versus* B *vergat, propemodum in linea* KB. *quæ sit parallelos lineæ ex* A TERRA *per perigæum* SOLIS *ducta.*

Vergit igitur apogæum epicycli in perigæum SOLIS. Et quia epicyclus propter omnimodam æquipollentiam, ut jam dictũ, ponendus est æqualis circuitui Solis, & ZK parallelos ipsi ΞA, & EK ipsi OA, & HK ipsi IA, & ΘK ipsi TA: igitur etiam ipsas ΞA, OA, IA, TA, inæquales esse verisimile est: & punctum medii loci SOLIS (BRAHEANA notione centrum epicycli SOLIS) per circuitum a puncto æqualitatis distare inæqualiter. Quod obiter interjeci. nihil .n. facit ad præsentem demonstrationem, nisi quod eam extendit amplius.

In forma TYCHONICA *sit* A TERRA, *& ex ea scribatur* SOLIS *concentricus* CD, *qui putetur esse deferens* SYSTEMA *Planetarum; cum sit* A *punctum æqualitatis motus concentrici* SOLIS. *Erit itaque* SOL *ipse in alio eccentrico circulo. Sit ejus centrum ab* A *versus partes* B. *Sit autem* AL *regula lineæ apsidum* MARTIS, *ut linea apsidum circulatione & transpositione sui eccentrici semper maneat parallelos ipsi* AL. *Sint autem lineæ medii motus* SOLIS *ad nostra quatuor momenta* AH, AT, AE, AS: *& ex* A *ejiciantur lineæ visionum* MARTIS, *prout supra descriptæ sunt, in hunc vel illum*

Si Kepler a bataillé huit ans avec les données de Tycho Brahe pour obtenir ses deux premières lois, la troisième semble lui être apparue soudainement – le 8 mars 1618, alors qu'il portait la dernière touche à son *Harmonie du monde*. Elle affirme que la durée de l'année d'une planète est proportionnelle à la puissance $^3/_2$ de sa distance au Soleil. (En d'autres termes, le *carré* de la période orbitale est proportionnel au *cube* de la distance moyenne au Soleil.) Pluton, par exemple, est 39,5 fois plus éloigné du Soleil que la Terre, et il lui faut donc $(39{,}5)^{3/2} = 39{,}5\ \sqrt{39{,}5} = 248$ années terrestres pour boucler une orbite.

La troisième loi révèle en fait toute son utilité quand elle est prise à l'envers. Il est facile de mesurer la période de révolution d'une planète autour du Soleil, d'un satellite autour d'une planète ou de deux étoiles en rotation l'une autour de l'autre. Tout le problème consiste à mesurer la distance qui sépare les deux corps, et la loi de Kepler donne le résultat immédiatement. Des progrès accomplis ultérieurement, grâce à la loi de la gravitation, permettent également de déduire la masse des planètes, des satellites ou des étoiles à partir de leur période orbitale. De tels paramètres se révèlent aujourd'hui cruciaux pour rechercher des exoplanètes, c'est-à-dire des planètes situées hors de notre système solaire, susceptibles d'accueillir la vie. Si nous ne connaissons pas la dimension et la distance à l'étoile d'une planète, nous ne pouvons pas savoir si elle est habitable. Si nous découvrons un jour quelque trace de vie sur une lointaine planète, nous le devrons en somme à Kepler et à sa troisième loi !

← L'orbite de Mars, représentée dans l'*Astronomia nova* de Kepler (1571-1630).

9
Écrire pour l'éternité
Le dernier théorème de Fermat

Pierre de Fermat ne présente pas le profil type du farceur. Fils d'un riche négociant en cuir du sud de la France, il obtint son diplôme de droit à l'université d'Orléans en 1631 avant d'acheter une charge de conseiller au Parlement de Toulouse (la cour d'appel) et d'accéder à la noblesse. À en juger par sa correspondance, c'était un homme timide, taciturne, et qui répugnait à la controverse.

Fermat jouissait aussi d'une caractéristique peu commune : il aimait les mathématiques. En un temps où cette discipline commençait à s'affranchir des frontières, il s'était acquis une réputation internationale qui a perduré bien au-delà de sa mort. Par un drôle de tour du destin, la partie la plus saillante de son héritage concerne un problème qu'il n'a probablement jamais lui-même résolu. Le dernier (ou grand) théorème de Fermat, ainsi qu'il a été baptisé depuis, est un énoncé d'une simplicité désarmante qui a déjoué toutes les tentatives de démonstration pendant plus de 350 ans.

Durant ses années d'université, Fermat s'était lié d'amitié avec un petit cercle d'amateurs de mathématiques, ce qui l'avait conduit, apparemment, à mener ses propres recherches. L'un des membres du groupe, qui avait déménagé à Paris, attira un jour l'attention du père Marin Mersenne sur ce mathématicien provincial alors complètement inconnu.

$$x^n + y^n = z^n$$

Les lettres x, y et z désignent des entiers positifs, et n un entier supérieur à 2. Le dernier théorème de Fermat affirme que cette équation n'admet aucune solution.

En une époque qui ne comptait ni académies ni journaux scientifiques, en un temps où la plupart des universités n'employaient pas de professeurs de mathématiques, Mersenne jouait un rôle centralisateur. Il organisait régulièrement des rencontres et entretenait une correspondance avec tous les mathématiciens de l'Europe ou presque. Rendre une découverte mathématique publique revenait au fond à l'envoyer à Mersenne : tôt ou tard le reste du monde s'en trouverait informé.

Fermat lui-même, qui vivait très éloigné des affaires parisiennes, ne rencontra cet intermédiaire qu'une seule fois, en 1646. Même s'il refusa catégoriquement de publier quoi que ce soit sous son nom, ses résultats furent néanmoins diffusés par l'entremise de Mersenne, et un nombre croissant de mathématiciens, en France comme à l'étranger, se montra curieux de connaître ses méthodes.

Il est vrai que Fermat ne brillait guère par ses explications. Son *modus operandi* habituel consistait à présenter ses découvertes comme des problèmes, de sorte que leur nature profonde ne se révélait qu'à ceux qui avaient eux-mêmes creusé des questions du même ordre. De cette manière, Fermat pouvait aussi déterminer s'il avait trouvé quelque chose de nouveau, sans dire de quoi il s'agissait précisément.

Bien sûr, ce type de défis ne faisait pas toujours le bonheur des autres mathématiciens. Descartes, par exemple, qualifiait Fermat de « gascon », c'est-à-dire de vantard, tandis que Bernard Frénicle de Bessy le soupçonnait de proposer des problèmes impossibles. Fermat semble avoir été déchiré entre un désir de reconnaissance et une peur presque pathologique de révéler ses secrets. Il se plaisait d'un côté à citer la maxime de Francis Bacon : « *Multi pertranseant ut augeatur scientia* » (« Que beaucoup passent outre pour que la science augmente »), mais rechignait à laisser les « passants » accéder à son œuvre.

FERMAT FUT LE PREMIER des Européens modernes à s'intéresser à l'art de trouver des solutions entières à des équations – l'essence même de la théorie des nombres. Il a notamment travaillé sur les triplets pythagoriciens, c'est-à-dire les entiers a, b, c qui vérifient l'égalité du triangle rectangle $a^2 + b^2 = c^2$. Il savait par l'*Arithmetica* de Diophante que les Grecs disposaient d'une méthode générale pour résoudre cette équation. Fermat est inlassablement revenu sur ce thème, en proposant par exemple de trouver deux triplets pythagoriciens de même hypoténuse c, ou encore des triplets pythagoriciens dont les aires $ab/2$ soient des carrés, ou deux fois des carrés, ou dont les sommes $a + b$ soient un carré. À sa plus grande satisfaction, il réussissait à résoudre tous ces problèmes, prouvant même à l'occasion que certains n'admettaient aucune solution. (L'aire d'un triangle rectangle à côtés entiers n'est jamais un carré parfait, par exemple.)

Un jour, probablement entre 1636 et 1640, il s'intéressa à une autre variante de la question : un cube pouvait-il s'écrire comme somme de deux cubes ? Plus généralement, existait-il toujours des solutions à l'équation $x^n + y^n = z^n$ pour n supérieur à 2 ? Dans la marge de son exemplaire du livre de Diophante, Fermat écrivit : « Il est impossible de décomposer un cube en somme de deux cubes ou une puissance quatrième en somme de deux puissances quatrièmes ou, en général, n'importe quel nombre égal à une puissance supérieure en somme de deux puissances semblables. J'ai une démonstration véritablement merveilleuse de cette proposition, que cette marge est trop étroite pour contenir. » Ces quelques lignes manuscrites, que Fermat ne projetait pas de rendre publiques, comptent aujourd'hui parmi les plus célèbres citations de l'histoire des mathématiques. Comme l'a écrit le fameux théoricien des nombres André Weil : « Comment aurait-il pu deviner qu'il écrivait pour l'éternité ? »

Après la mort de Fermat, son fils Samuel rassembla et publia ses écrits, y compris les annotations du Diophante. Au XVIIIe siècle, le grand mathématicien suisse Leonhard Euler se proposa de (re)démontrer tous les résultats de théorie des nombres obtenus par Fermat. La proposition sur la décomposition des puissances en puissances de même ordre fut la seule qui lui résista. Il montra que les équations $x^3 + y^3 = z^3$ et $x^4 + y^4 = z^4$ n'admettent pas de solutions entières, mais renonça en désespoir de cause à trouver une méthode valable pour tout n.

Avec le temps, l'innocente petite note marginale prit le nom de « dernier théorème de Fermat ». Techniquement, bien sûr, il ne s'agissait pas d'un théorème, c'est-à-dire d'un résultat prouvé, mais d'une conjecture. En 1825, Johann Peter Gustav Lejeune Dirichlet démontra qu'il n'existait aucune solution pour $n = 5$. En 1839, Gabriel Lamé prouva un résultat similaire pour $n = 7$. En 1857, Ernst Kummer avait traité le cas de toutes les puissances n inférieures à 100. Même si ces progrès paraissent effroyablement mesurés, les efforts pour montrer le dernier théorème de Fermat ont de fait ouvert un nouveau champ entier de recherche : « la théorie algébrique des nombres ».

L'intérêt pour le théorème de Fermat n'a pas fléchi tout au long du XXe siècle. Au début des années 1980, le mathématicien allemand Gerhard Frey remarqua que toute solution potentielle de l'équation $a^n + b^n = c^n$ donnait lieu à une courbe auxiliaire, d'équation $y^2 = x(x - a^n)(x + b^n)$, qui paraissait très étrange. Tellement étrange, affirmait Frey, qu'elle pourrait bien contredire une autre conjecture non prouvée de la théorie des nombres, la conjecture de Taniyama-Shimura. Un mathématicien américain, Kenneth Ribet, prouva bientôt que Frey avait vu juste : la validité de la conjecture de Taniyama-Shimura entraînait celle du théorème de Fermat.

En prenant les variables de l'équation de Fermat pour coefficients d'une équation différente, Frey avait un peu procédé à la manière d'Escher qui, au détour de l'une de ses œuvres, renverse premier et second plan. Malgré cette approche brillante, le gain obtenu de Frey et Ribet restait difficile à évaluer. Ils avaient simplement troqué un but hors d'atteinte pour un autre. Vous voulez escalader l'Everest ? Facile, faites-vous pousser des ailes.

Seule une personne au monde se sentit capable de prouver la conjecture de Taniyama-Shimura : Andrew Wiles. Et il le fit plus ou moins en se

↑ *Air et eau*, 1938, Maurits Cornelis Escher. Cette gravure sur bois se caractérise par une inversion du premier et du second plan.

faisant « pousser des ailes ». Ou plutôt en construisant un avion. Durant sept ans, à l'écart du monde, il monta une machinerie bien huilée à partir de trois des théories les plus abstraites, les plus difficiles et les plus puissantes du XXe siècle : la théorie des fonctions L, la théorie des formes modulaires et la théorie des représentations galoisiennes. De ce point de vue, sa preuve se compare aux missions lunaires *Apollo* qui combinaient (au moins) trois technologies indépendantes : moteurs, ordinateurs et communications. Aucun de ces savoir-faire n'avait été spécifiquement développé pour aller sur la Lune, mais le défaut d'un seul aurait rendu le projet inenvisageable. Ils étaient pourtant tous trois apparus en même temps, au bon moment, pour résoudre ce fameux « problème ouvert » (la conquête de la Lune). Coïncidence, à l'instar du dernier théorème de Fermat, ce problème s'est posé pendant 350 ans.

WILES ANNONÇA AVOIR DÉMONTRÉ le dernier théorème de Fermat en 1993. Et il soumit sa preuve pour publication, lui ! Durant les trois siècles et demi qui séparaient Fermat de Wiles, les mathématiciens avaient retenu la leçon : un « théorème » sans preuve publiée n'est pas un théorème. En fait, Wiles découvrit une faille dans sa preuve alors qu'il mettait la dernière main à son article. Avec l'aide d'un étudiant, Richard Taylor, il mit plus d'un an à la combler. Peut-être que Fermat aurait lui aussi découvert une lacune à sa preuve s'il avait pris la peine de la rédiger…

Car la question demeure : Fermat avait-il vraiment démontré le dernier théorème ? N'importe quel théoricien des nombres compétent vous répondra par un non catégorique. Pour André Weil, Fermat savait au mieux le prouver pour $n = 3$ et $n = 4$. Ces deux cas étaient résolubles par la « technologie » dont disposait Fermat. Mais à partir de $n = 5$, la difficulté du problème s'accroît de manière très sensible. Le cas $n = 5$ requiert tout une machinerie de nombres complexes et de corps de nombres algébriques élaborée au XIXe siècle. Et comme je l'ai indiqué, la preuve du cas général par Wiles fait appel à des concepts très pointus du XXe siècle.

À ces arguments d'ordre mathématique, Weil en ajoute un d'ordre psychologique : si Fermat défiait souvent ses collègues mathématiciens (y compris le pauvre Frénicle de Bessy !) sur les cas $n = 3$ et $n = 4$, aucune de ses lettres ne mentionne le cas général, pas même le cas $n = 5$. Pourquoi une telle retenue de la part d'un « gascon » ? Très probablement, selon Weil, parce que Fermat s'était rendu compte que sa « démonstration véritablement merveilleuse » ne marchait pas pour des degrés aussi élevés. Tous les mathématiciens connaissent au moins une fois dans leur vie ce genre de déception : ils pensent avoir trouvé une grande idée, partent se promener et comprennent à leur retour le grave défaut dont elle souffre. Parfois il est réparable, parfois non.

10
Un nouveau continent
Le théorème fondamental du calcul différentiel et intégral

William Dunham, un mathématicien devenu écrivain et historien, aime à comparer la découverte de la formule de Cardan pour les cubiques à la découverte de l'Amérique par Christophe Colomb. L'analogie pèche cependant sur un point important, à savoir que l'Amérique est un continent entier, comparable à l'Europe par ses dimensions et son importance. La formule de Cardan, à l'inverse, ne constitue plus aujourd'hui qu'un petit objet de curiosité.

C'est au XVIIe siècle que les mathématiciens découvrirent leur Nouveau Monde. Ce continent vierge se nomme le calcul différentiel et intégral, et il fut reconnu par deux explorateurs : Isaac Newton et Gottfried Wilhelm Leibniz.

À dire vrai, l'expression « calcul différentiel et intégral » ne s'emploie plus guère. La branche des mathématiques qui traite des fonctions, des intégrales, des dérivées et des suites infinies se nomme désormais « analyse », et se subdivise en analyse réelle, analyse complexe, analyse fonctionnelle, etc., exactement de la même façon que l'Amérique se subdivise en Amérique du Nord, Amérique du Sud et Amérique centrale. Dans une certaine mesure, ce changement de nomenclature correspond à un surcroît de rigueur : au calcul différentiel et intégral des preuves intuitives et informelles, à l'analyse des

$$\int_a^b f(t)\,dt = \mathcal{F}(b) - \mathcal{F}(a)$$

$$\frac{d\mathcal{F}}{dt} = f(t)$$

Les lettres f et $\mathcal{F}$ désignent des fonctions continues de la variable x, et t une variable auxiliaire. La fonction $\mathcal{F}$ est une primitive de f, ce qui signifie que $d\mathcal{F}/dx = f$. L'intégrale $\int$ et la dérivée d/dx ont été introduites par Newton, pour répondre à des problèmes très anciens de détermination de tangentes et d'aires délimitées par des courbes. Le théorème fondamental affirme que ces opérations sont inverses l'une de l'autre, c'est-à-dire qu'en intégrant la dérivée d'une fonction, ou vice-versa, on retombe sur la fonction originale.

preuves exactes et précises. Mais j'ai aussi le sentiment que la distinction reflète un certain snobisme intellectuel.

Newton et Leibniz naquirent à quatre ans d'écart seulement – Newton en 1642 dans un village nommé Woolsthorpe, en Angleterre, et Leibniz en 1646 à Leipzig, en Allemagne. Newton mourut en héros national et repose en compagnie des rois à Westminster Abbey en 1727. Leibniz, malgré ses nombreux mérites, demeura relativement méconnu jusque dans son propre pays, où il fut enterré anonymement en 1715.

Newton s'est distingué aussi bien en physique qu'en mathématiques : il a inventé le télescope et a formulé les lois du mouvement dont nous reparlerons au chapitre 11. Sa longue et fructueuse carrière scientifique coïncide plus ou moins avec les années qu'il passa à l'université de Cambridge, qu'il intégra jeune étudiant en 1661, et qu'il quitta pour diriger la monnaie britannique en 1696.

Leibniz aussi était pluridisciplinaire. En philosophie, il s'intéressa beaucoup au problème du mal, et avança que, nonobstant l'existence indubitable de celui-ci, Dieu avait créé le « meilleur des mondes possibles ». Ce point de vue fut ultérieurement ridiculisé par Voltaire dans son célèbre *Candide*. Leibniz se consacra aux mathématiques

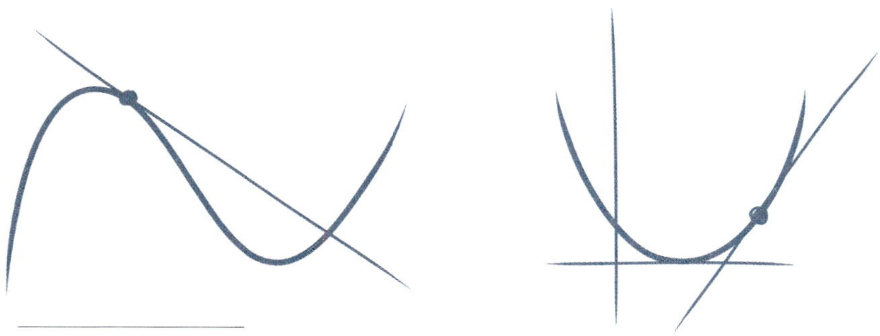

Courbes et tangentes.

principalement entre 1672 et 1676, alors qu'il séjournait à Paris, en charge d'une mission diplomatique qui lui laissait beaucoup de temps libre. Il ne pouvait rêver meilleur endroit ni meilleure époque, car l'ancien réseau de Mersenne, largement préservé, venait d'être réorganisé en Académie des sciences.

Avec le recul, la progression vers la découverte du calcul différentiel et intégral se décèle tout au long du XVIIe siècle. Deux grandes classes de problèmes historiques ont poussé les mathématiciens dans cette direction. D'abord des problèmes de quadrature, c'est-à-dire de détermination d'aires de régions bordées par des courbes plus ou moins compliquées. Les premières méthodes faisaient appel à des découpages et des réarrangements. Plus tard, des mathématiciens comme Archimède en Grèce ou Liu Hui en Chine avaient développé des techniques plus sophistiquées, qui consistaient à approcher de plus en plus précisément des régions à frontière courbe par des suites de régions polygonales (de côtés rectilignes).

Plus près de nous, au début du XVIIe, le mathématicien Bonaventura Cavalieri, par sa « méthode des indivisibles », découpait de façon systématique la surface en une succession de fines bandes dont il additionnait ensuite les aires. Archimède avait certes procédé de manière comparable des siècles auparavant, mais son travail, longtemps perdu, redécouvert en 1906 seulement, n'a pu influencer l'histoire de la science européenne. Reste que ni Cavalieri ni Archimède n'avaient su transformer cette méthode en outil de maniement commode : les exemples sur lesquels ils travaillaient demeuraient peu nombreux et leur démarche éminemment laborieuse.

LE CALCUL DIFFÉRENTIEL ET INTÉGRAL s'enracine aussi dans la question des tangentes, c'est-à-dire la détermination d'une ligne qui frôle une courbe arbitraire en un point donné. Comme dans le cas de la quadrature, la solution passait en général par une suite d'approximations : pour trouver la tangente en un point à une courbe, il faut connaître la pente de la courbe en ce point ; pour calculer cette pente, on peut prendre un point de la courbe proche, tracer un segment de droite entre les deux points, puis calculer la pente de ce segment. La réponse restera toujours légèrement approximative… sauf si nous pouvions prendre un point « infiniment proche » pour obtenir un segment « infiniment court » ! Il est hélas très difficile de justifier mathématiquement ce raisonnement, car il revient à diviser 0 par 0.

Plusieurs personnes, dont Fermat et probablement Isaac Barrow, l'un des professeurs de Newton à Cambridge, ont travaillé à la fois sur les quadratures et les tangentes. Seuls, cependant, Newton et Leibniz ont compris que ces problèmes constituaient les deux faces d'une même médaille. Qui n'a jamais étudié le calcul différentiel et intégral sera sans doute surpris par une telle affirmation : on ne voit guère de rapport, en effet, entre une tangente à une courbe et une aire délimitée par une (autre) courbe.

Pour que ce lien se manifeste, il faut d'abord en passer par une procédure hautement arbitraire et artificielle : la transformation de courbes en graphes. Ces types de tracés sont omniprésents de nos jours, qu'ils représentent le cours d'une action dans les pages économiques des journaux ou le résultat d'un électrocardiogramme sur les moniteurs des hôpitaux. Mais au XVIIe siècle, l'idée était encore nouvelle.

Un graphe visualise une relation entre deux variables, que ce soit la valeur d'une action en fonction du temps ou le potentiel électrique en fonction du temps. La règle ou le processus à étudier prend une variable en entrée (ici le temps t) et produit une autre variable en sortie (disons le prix d'une action $f(t)$). La règle ne se formule pas toujours explicitement dans les exemples empruntés au réel, de sorte que cette représentation se montre très utile. Les mathématiciens classiques ne s'intéressaient, bien entendu, ni aux cours des actions ni aux électrocardiogrammes, mais aux cercles, aux paraboles, aux ellipses et autres spirales. Il est alors souvent possible, dans un système de coordonnées bien choisi, de trouver une expression mathématique $f(t)$ dont le graphe représente la courbe désirée.

↓ Gottfried Wilhelm Leibniz (1646-1716), philosophe et mathématicien allemand, gravure sur cuivre.

DANS CE NOUVEAU CONTEXTE, les deux anciens problèmes de tangence et de quadrature s'interprètent très simplement. La pente d'une droite tangente à une courbe correspond en fait au taux de variation de la fonction dont elle forme le graphe. Pour donner un exemple, supposons que nous nous baladions en voiture et qu'à des intervalles de temps régulier t, nous relevions notre distance parcourue, $F(t)$, et notre vitesse, $f(t)$. Si nous partons à 12 h 00 et que nous parcourons 100 km en une heure, par exemple, alors $F(13\,h\,00) = 100$ km, et si notre vitesse est alors 50 km/h et $f(13\,h\,00) = 50$ km/h.

E49.05 GOTTFRIED WILHELM von LEIBNEZ (1646-1716).
redit: The Granger Collection, New York

En comparant la distance parcourue au temps t à la distance parcourue légèrement plus tard, au temps t', nous obtenons deux points proches sur le « graphe de la fonction distance ». Il nous suffit alors d'appliquer cette bonne vieille formule du lycée qui veut que la pente soit le rapport de la variation verticale sur la variation horizontale, c'est-à-dire ici la distance parcourue dans notre petit intervalle de temps divisé par ce temps écoulé. Mais cela revient à calculer la vitesse moyenne ! (Si nous avons parcouru 3 km en 5 min, par exemple, notre vitesse moyenne est de $^3/_5$ km/min, soit 36 km/h.) Le taux de variation de la fonction distance, pris sur un petit intervalle de temps, correspond donc à la moyenne de la fonction vitesse prise sur cette durée.

Il nous reste encore une étape à franchir pour exprimer cette relation dans le vocabulaire du calcul différentiel et intégral : remplacer l'expression « pris sur un petit intervalle de temps » par le terme « instantané ». Le taux de variation instantané, ou la dérivée, de la fonction distance est la fonction vitesse. En cette précision d'apparence anodine réside en fait la partie la plus difficile de l'argumentation. Ni Leibniz ni Newton ne l'ont pleinement justifiée… Le débat sur la signification exacte du terme « instantané » s'est poursuivi bien après leur mort, jusque dans le XIXe siècle.

Accordons cependant notre confiance à Newton et Leibniz et passons au second problème classique, celui de la quadrature, en nous focalisant maintenant sur la fonction vitesse *f*. Ici encore, considérons deux instants, *a* et *b*, non nécessairement proches cette fois, et proposons-nous de déterminer l'aire (ou la quadrature) de la région située sous le graphe de *f*, entre *a* et *b*. Pour en venir directement à la conclusion – que les plus courageux trouveront rigoureusement démontrée dans tout manuel d'analyse digne de ce nom –, la quadrature de la fonction vitesse est la fonction distance. En termes plus techniques, on dit que *F* est l'*intégrale* de *f*.

NEWTON ET LEIBNIZ ont donc introduit deux nouveaux concepts mathématiques : la dérivée, qui résout le problème de tangence, et l'intégrale, qui résout celui de la quadrature (même si Newton utilisait un vocabulaire différent). Les deux savants n'innovaient pas entièrement, dans la mesure, par exemple, où leur intégrale devait beaucoup à la méthode des indivisibles de Cavalieri. Mais personne n'avait compris avant eux que la dérivée est l'inverse de l'intégrale et vice-versa. La dérivée de la fonction distance est la fonction vitesse ; l'intégrale de la fonction vitesse est la fonction distance.

Cette relation de réciprocité porte aujourd'hui le nom de théorème fondamental du calcul différentiel et intégral (ou de l'analyse). Voici son expression moderne :

$$\int_a^b f(t)dt = F(b) - F(a)$$

$$\text{et } \frac{dF}{dt} = f(t)$$

La première formule indique que la distance parcourue, $F(b) - F(a)$, s'obtient en intégrant la vitesse (ce que signifie le symbole $\int$). La seconde formule indique que la vitesse est le taux de variation instantané, ou la dérivée, de la distance (ce que signifie la notation $\frac{d}{dt}$). L'une des fonctions F ou f peut donc se calculer à partir de l'autre.

C'est un peu comme si un marin cinglait vers l'ouest à partir de l'Europe pour trouver la Chine et qu'un autre cinglait vers l'est à partir de la Chine pour trouver l'Europe, et qu'ils se rencontraient tous deux et se serraient la main au Panama. Métaphoriquement parlant, la première équation affirme que voyager vers l'ouest à partir de l'Europe vous conduit au Panama et la seconde que voyager vers l'est à partir de la Chine vous porte au même endroit.

LE NOUVEAU CALCUL S'EST RÉVÉLÉ d'une utilité sans pareille. Avant Newton et Leibniz, la détermination d'une aire ou d'une pente s'obtenait au terme d'un processus incroyablement laborieux. Aujourd'hui, en un après-midi à peine, un étudiant en mathématiques calcule π bien plus précisément que Liu Hui ou Archimède. Après la découverte du calcul différentiel et intégral, on a pu dresser des tables de sinus ou de logarithmes aussi exactes que désirées – elles étaient indispensables aux mathématiciens, ingénieurs, astronomes, etc. avant l'avènement de l'informatique. On a pu déterminer des volumes, des aires et des longueurs qui avaient défié les savants pendant des siècles. Dans les années 1630 encore, Descartes écrivait qu'il était impossible de rectifier une courbe, c'est-à-dire de trouver

→ Illustration tirée de *The method of fluxions and infinite series*, par Isaac Newton (1642-1727), originellement publié à Londres en 1736.

Sensibiles sensibilium velocitatum mensuræ. vid. pag. 273.

Τὰ κοινὰ καινῶς, τὰ καινὰ κοινῶς.

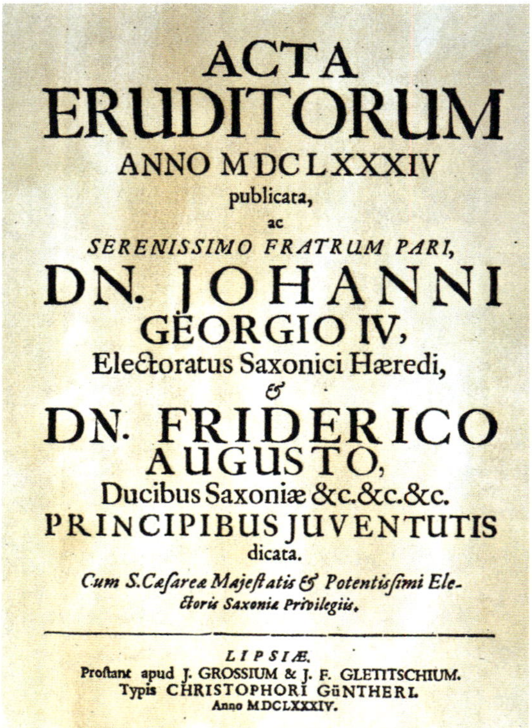
ACTA
ERUDITORUM
ANNO MDCLXXXIV
publicata,
ac
SERENISSIMO FRATRUM PARI,
DN. JOHANNI
GEORGIO IV,
Electoratus Saxonici Hæredi,
&
DN. FRIDERICO
AUGUSTO,
Ducibus Saxoniæ &c.&c.&c.
PRINCIPIBUS JUVENTUTIS
dicata.
Cum S. Cæsareæ Majestatis & Potentissimi Electoris Saxoniæ Privilegiis.

LIPSIÆ.
Prostant apud J. GROSSIUM & J. F. GLETITSCHIUM.
Typis CHRISTOPHORI GüNTHERI.
Anno MDCLXXXIV.

un segment de droite de même longueur qu'elle. Armé du calcul différentiel et intégral, un simple étudiant y parvient aujourd'hui[7].

Curieusement, Newton a longtemps rechigné à évoquer publiquement ce qu'il appelait la méthode des « fluxions ». Il avait apparemment découvert le théorème fondamental entre 1664 et 1666, mais n'avait montré que des morceaux de son travail à une poignée de personnes. Les mathématiciens ne savaient pas encore que la marche du progrès passait plus sûrement par la publication que par la mise au secret.

Quand Leibniz, dans les années 1670, a commencé de son côté à réfléchir aux variations et aux séries infinies, il ne disposait sûrement que d'une information de seconde main sur les travaux de Newton. Quelque part entre 1673 et 1675, Leibniz découvrit lui aussi le théorème fondamental. À ce stade, il prit contact avec Newton pour savoir ce qu'il avait exactement trouvé et lui proposer une sorte de marché : tu me dis ceci et je te dirai cela.

Newton répondit avec prudence et réserve, en une correspondance qui ne compte que deux lettres de sa part. Dans la seconde, il transmit le théorème fondamental, mais sous forme d'anagramme indéchiffrable. Il est clair que Newton ne voulait pas partager sa découverte – il

↑ La page de titre des *Acta Eruditorum* pour l'année 1684, publiés à Leipzig, contenant l'article dans lequel Gottfried Wilhelm Leibniz expose sa découverte du calcul différentiel (« *Nova methodus pro maximus et minimus* »).

[7] Je me dois toutefois d'avouer que cet étudiant ne réussira probablement à traiter qu'un nombre relativement limité de cas. À partir du XIXe siècle, l'examen des spécimens les plus retors, comme l'ellipse ou la lemniscate, a conduit à de belles et profondes théories.

entendait seulement établir sa priorité au cas où Leibniz aurait voulu la revendiquer de son côté.

ET C'EST EXACTEMENT CE QU'IL ADVINT. Leibniz publia sa version du calcul différentiel et intégral en 1684, tandis que Newton, curieusement, attendit 1704 pour donner un premier aperçu de sa méthode des fluxions. Il s'ensuivit une dispute extrêmement vive pour savoir qui avait inventé et qui avait plagié. Les mathématiciens anglais se rangèrent du côté de Newton ; ceux du continent majoritairement derrière Leibniz.

Les historiens s'accordent aujourd'hui à penser que les deux camps avaient à la fois tort et raison, c'est-à-dire que les deux hommes étaient parvenus au même résultat de manière indépendante. Newton fut indubitablement le premier à prendre conscience du théorème fondamental, mais, comme je l'ai déjà indiqué, il ne sert à rien de découvrir l'Amérique si ce n'est pour le faire savoir à personne. Leibniz fut le premier à traiter publiquement du calcul différentiel et intégral. En partie pour cette raison, en partie pour sa simplicité, nous utilisons aujourd'hui la notation de Leibniz. Plus personne ne parle aujourd'hui de « fluxions » ou de « fluentes » – un vocabulaire enterré avec Newton.

11
Des pommes, des légendes… et des comètes
Les lois de Newton

Un quidam interrogé à brûle-pourpoint sur Isaac Newton évoquerait très probablement l'anecdote de la pomme qui tombe de l'arbre. En assistant à une telle chute, Newton aurait pris conscience qu'elle pouvait également expliquer le mouvement des corps célestes, lui inspirant ainsi la loi de la gravitation universelle. Des versions plus modernes assurent même que la pomme lui tomba sur la tête.

Il existe une réfutation à cette anecdote, tout aussi invérifiable, publiée pour la première fois en 1858 dans *Notes & Queries*, un délicieux petit journal anglais. Selon un contributeur désigné par la lettre « W. », le célèbre mathématicien Karl Friedrich Gauss aurait un jour affirmé : « Cette histoire de pomme est tout à fait absurde. En vérité, voilà ce qui a dû se passer. Un imbécile est venu importuner Newton en lui demandant comment il avait trouvé sa grande loi. Ce dernier, quand il comprit à quel genre d'homme il avait affaire, lui raconta pour s'en débarrasser qu'une pomme lui était tombée sur le nez. Ainsi éclairci, le visiteur repartit satisfait. »

Comment les légendes se construisent-elles ? En réalité, l'histoire de la pomme est plus fondée que Gauss ne le prétend (à supposer que la citation soit authentique).

$$\mathcal{F} = m a$$

$$\mathcal{F} = \frac{\mathcal{G} M m}{r^2}$$

La première équation rend compte de la deuxième loi du mouvement de Newton ; la seconde, de la loi de la gravitation universelle. Dans les deux cas, $\mathcal{F}$ représente une force. La lettre a désigne l'accélération d'un corps de masse m. Dans la seconde équation, $\mathcal{F}$ représente plus spécifiquement la force par laquelle s'attirent deux corps de masses m et M situés à une distance r l'un de l'autre. La lettre G désigne la constante de gravitation universelle et vaut $6{,}672 \times 10^{-8}\,\mathrm{cm}^3\,\mathrm{g}^{-1}\,\mathrm{s}^{-2}$.

L'anecdote est au moins attestée par Voltaire, qui disait la tenir personnellement de la nièce de Newton. Difficile d'affubler le célèbre homme de lettres du qualificatif d'« imbécile » employé par Gauss ! On peut imaginer en l'occurrence que l'histoire enjolive légèrement la réalité.

Existait-il au moins un pommier ? Oui ! Il était planté dans la propriété de Newton, à Woolsthorpe en Angleterre, où ce dernier a vécu jusqu'en 1661, avant de partir étudier au Trinity College à Cambridge, et où, plus important encore, il est retourné vivre en 1665, quand une grande épidémie de peste frappa l'Angleterre. Pendant ce séjour campagnard de près de deux ans, Newton développa les bases de son calcul différentiel et intégral et commença à réfléchir au mouvement des planètes. Comme il l'a lui-même indiqué : « En ce temps-là, j'étais dans le premier âge de mon invention et j'ai songé aux mathématiques et à la philosophie plus qu'à toute autre époque. »

Pour autant, et Gauss a certainement raison sur ce point, nul besoin de pommes pour inspirer Newton. Le problème seul y suffisait, avec son histoire plusieurs fois séculaire derrière lui. Le Soleil, la Lune et les planètes se mouvaient-ils en raison de quelque agent extérieur ? Et si oui, quel était-il ? Aristote avait prétendu que les corps célestes étaient composés d'une autre matière que la Terre, et que leur mouvement naturel était circulaire. Kepler pensait qu'une force propulsive les maintenait sur leur orbite. Descartes s'accordait plus ou moins avec ce point de vue : selon sa théorie, des tourbillons dispersés dans l'Univers emportaient les planètes dans leur mouvement. Rien de plus naturel, en somme, pour un jeune chercheur comme Newton que de se passionner pour le plus important débat scientifique de son temps. Il élabora donc un système par lequel les pommes sont sujettes aux mêmes forces que les planètes. Mais si la pomme a bien une importance dans cette histoire, c'est qu'elle réfute la théorie d'Aristote. Et comme elle tombe en chute libre, qu'elle ne nécessite aucune propulsion, elle réfute aussi les théories de Kepler et Descartes.

→ Le premier télescope, fabriqué par Isaac Newton en 1668, devant une page manuscrite des *Principia*.

Malgré toutes ses vertus, cette pomme n'explique pas comment Newton a convaincu le reste du monde de l'exactitude de la théorie. Dans son œuvre maîtresse, les *Principes mathématiques de la philosophie naturelle* (souvent désignés par *Principia*, leur titre latin abrégé), il se proposait d'asseoir la physique comme Euclide avait assis la géométrie. Newton commence par poser trois axiomes, trois lois du mouvement auxquelles obéissent tous les objets matériels, qu'il s'agisse de pommes ou de satellites naturels. Plus loin, il y ajoute la loi de la gravitation universelle, une loi qui décrit précisément la manière dont les objets s'attirent entre eux. De ces seuls principes, il déduit que les planètes qui tournent autour du Soleil respectent les trois lois de Kepler.

En fait, les *Principia* doivent probablement leur existence même à la première loi de Kepler. Plusieurs autres physiciens – et notamment Robert Hooke, le rival de Newton, ou l'architecte Christopher Wren et le physicien Christian Huygens – étaient eux aussi parvenus à la loi « newtonienne » de la gravitation au début des années 1680. Mais ils n'avaient pas réussi à montrer que ces lois contraignaient les planètes à parcourir des ellipses ; ils pouvaient simplement considérer les mouvements circulaires, mathématiquement plus simples. En 1684, Edmund Halley demanda à son ami Newton s'il pouvait prouver le mouvement elliptique des planètes. Ce dernier ayant acquiescé, Halley le convainquit de publier sa démonstration. Le résultat, trois ans plus tard, dépassait la simple solution du problème : il contenait en germe tous les livres de physique à venir !

Halley, qui paya de sa poche une partie des frais d'impression, se trouva *in fine* récompensé d'une manière peu banale. La théorie newtonienne s'appliquait bien entendu aux comètes autant qu'aux pommes et aux planètes. (Newton lui-même avait souligné ce point). Les comètes devaient donc boucler donc des orbites elliptiques et revenir périodiquement. Halley remarqua qu'une comète, en particulier, avait été observée tous les 75 ans : en 1456, 1531, 1607 et 1682. Il prédit donc qu'elle reviendrait en 1758 (bien après sa mort), ce qui s'est avéré. Elle continue depuis lors à se montrer tous les 75 ou 76 ans environ, et a été baptisée en son honneur « comète de Halley ».

LA PREMIÈRE LOI DE NEWTON affirme qu'un corps en mouvement se déplacera en ligne droite éternellement, sauf à ce que des forces externes le stoppent ou le fassent dévier de sa trajectoire. Cet énoncé paraît d'abord surprenant : après tout, une balle de golf finit par s'arrêter et les planètes ne se déplacent pas en ligne droite. Mais dans les deux cas, des forces extérieures s'exercent sur le corps ! La résistance de l'air, la gravité de la Terre, la friction du sol dans le cas de la balle de golf ; la gravité du Soleil dans le cas des planètes.

La deuxième loi de Newton affirme que la force qui s'exerce sur un objet est égale à la variation de sa quantité de mouvement. Formulée mathématiquement, elle s'écrirait :

$$F = \frac{d}{dt}(mv)$$

Dans la plupart des applications, la masse de l'objet ne varie pas, de sorte que la deuxième loi se réécrit $F = ma$, soit « la force est égale à la masse que multiplie l'accélération », une formule bien connue des lycéens.

La troisième loi de Newton s'énonce ainsi : « Pour chaque action, il existe une réaction égale et opposée ». Elle est probablement moins utilisée que les deux premières, mais elle explique, entre autres, le fonctionnement d'une fusée : ce qu'elle rejette à l'arrière est une action qui, par réaction, la fait avancer.

La loi de la gravitation, contrairement aux trois autres, se rattache, comme son nom l'indique, à une seule force, celle de la gravité. Elle affirme que l'attraction gravitationnelle entre deux corps, l'un de masse M, l'autre de masse m, est donnée par la relation :

$$\vec{F} = \frac{-GMm}{r^2}\hat{\mathbf{r}}$$

Le dénominateur r^2 signale que l'intensité de la force gravitationnelle est inversement proportionnelle au carré de la distance (r) de la planète au Soleil. (C'est la partie de la formule que Hookes, Wren et Huygens avaient déjà trouvée.) Le signe – et le vecteur $\hat{\mathrm{r}}$ (qui se lit *r*-chapeau) précisent que la force est dirigée vers le Soleil. Il n'existe donc pas de force propulsant les planètes le long de leur orbite, comme Kepler et Descartes le pensaient, seulement une force gravitationnelle qui les attire vers le Soleil.

L'apport véritablement nouveau de Newton tient à l'emploi du calcul différentiel et intégral[8] qui, par la combinaison de la loi de la gravitation et des lois du mouvement, lui permet de poser – et résoudre – les équations décrivant les orbites planétaires. Sa conception de la physique, appuyée par ses outils mathématiques puissants, propulsa la mécanique céleste dans une nouvelle ère, non plus une ère d'observation passive, mais une ère où l'homme prédit le mouvement des astres et contrôle des engins spatiaux.

[8] Il est souvent affirmé que Newton a délibérément évité l'usage du calcul différentiel et intégral dans ses *Principia*, et qu'il a reformulé toutes ses preuves dans le langage de la géométrie d'Euclide. Le fait est exact quant à la notation mais non sur l'esprit.

12
Le plus grand des explorateurs
Les théorèmes d'Euler

En 1988, le *Mathematical Intelligencer*, un magazine de mathématiques très connu, organisa le concours des plus beaux théorèmes de l'histoire. Quatre des cinq qui arrivèrent en tête avaient été prouvés par un seul homme : Leonhard Euler ! De fait, une demi-douzaine de théorèmes de ce mathématicien prodigue aurait encore pu figurer dans la liste. Euler a rédigé plus de huit cents articles et une cinquantaine de livres. Incapable d'absorber une telle production, l'Académie des sciences de Saint-Pétersbourg, où Euler passa les dix-sept dernières années de sa vie, a continué de publier ses mémoires près d'un demi-siècle après sa mort !

Leonhard Euler naquit à Bâle, en Suisse, en 1707. Il quitta définitivement sa ville natale à l'âge de vingt ans, non par reniement de ses origines, mais parce qu'il vécut au début de la professionnalisation du métier de mathématicien. Le Royal Society avait en effet été fondée en Angleterre en 1660, suivie de près, en 1666, par l'Académie des sciences de Paris. À la suite de son séjour en France, Leibniz persuada le roi de Prusse d'établir une institution similaire à Berlin en 1700. Quand le tsar Pierre Ier institua sa nouvelle capitale à Saint-Pétersbourg, dans les années 1720, la question de construire une académie des sciences ne se posait presque plus.

$$e^{ix} = \cos(x) + i\sin(x)$$

Le nombre e = 2,718 281 828 459 045... est la base du logarithme naturel (ou népérien), l'une des constantes les plus célèbres des mathématiques après π ; $i = \sqrt{-1}$ est l'unité imaginaire ; cos et sin désignent les fonctions cosinus et sinus.

En 1724, Pierre Ier fonda donc l'Académie des sciences russe et invita un certain nombre de savants étrangers. À cette époque, les postes de mathématiciens étaient rares en Suisse, de sorte que le jeune Euler saisit l'opportunité qui s'offrait à lui. Durant son premier séjour en Russie, de 1727 à 1741, sa réputation s'étendit rapidement à travers toute l'Europe. En 1735, par exemple, il stupéfia le petit monde des mathématiciens par le calcul d'une somme infinie que personne n'avait trouvée avant lui :

$$1 + \frac{1}{2^2} + \frac{1}{3^2} + \frac{1}{4^2} + \ldots = \frac{\pi^2}{6}$$

L'argumentation utilisée par Euler est expliquée de façon magistrale dans un livre de George Pólya intitulé *Les Mathématiques et le raisonnement plausible*, originellement paru en 1954. Par cette lecture, ceux qui connaissent la trigonométrie et possèdent un certain bagage sur les séries infinies saisiront mieux qu'ailleurs ce qui caractérise la pensée d'un génie (celle d'Euler aussi bien que celle de Pólya !).

Euler ne s'arrêta pas en si bon chemin. Avec sa *Mechanica*, publiée en 1736, il tira la mécanique du contexte euclidien où Newton avait cru bon de la confiner, et la reformula dans le vocabulaire plus approprié du calcul différentiel et intégral. En 1738, il remporta une première fois le prix proposé par l'Académie des sciences de Paris[9]. À cette même époque, il introduisit des notations aujourd'hui utilisées par tous les mathématiciens : *e* pour désigner la base du logarithme naturel, *i* pour désigner $\sqrt{-1}$ ou $f(x)$ pour désigner la valeur d'une fonction…

Malheureusement, après le mort de l'impératrice Anne Ire de Russie en 1740, un retour d'opinion s'opéra vis-à-vis des étrangers jadis invités par Pierre Ier. Sa situation devenant de plus en plus inconfortable, Euler accepta une offre de l'empereur Frédéric II de Prusse et rejoignit bientôt l'Académie des sciences de Berlin.

Autant Euler faisait figure de jeune star prometteuse à Saint-Pétersbourg, autant il se montra au faîte de sa puissance à Berlin. Entre autres choses, durant cette période, il ressuscita la théorie des nombres de Fermat et (re)démontra tous les résultats énoncés par son prédécesseur (excepté bien sûr son « dernier théorème »). Il trouva une façon d'appliquer les lois newtoniennes au mouvement aux fluides, obtenant ainsi les équations de l'hydrodynamique aujourd'hui appelées « équations d'Euler ». Il publia des ouvrages sur des sujets qui allaient du calcul différentiel et intégral à l'architecture navale en passant par la mécanique céleste.

→ Le mathématicien suisse Euler, vers 1770.

Par ces nombreuses contributions, Euler impressionna le monde entier excepté une personne : son employeur. Frédéric II, qui affichait un goût prononcé pour la flamboyante culture française, ne s'entendit guère avec le tranquille mathématicien suisse. Un jour, dans une lettre à Voltaire, faisant allusion à la vision de l'œil droit qu'Euler avait perdue, il le compara même à « un gros cyclope de géomètre ». Euler comprit qu'il ne deviendrait jamais le président de l'Académie des sciences de Berlin sous le règne de Frédéric II. En 1766, cédant à une proposition de Catherine II, il repartit en Russie.

---

9 Pendant plus d'un siècle, les honneurs prestigieux se sont gagnés lors de concours organisés par les grandes académies des sciences. Les savants de tous pays étaient invités à adresser des mémoires sur des sujets choisis à l'avance. Euler a gagné une première fois le concours de l'Académie des sciences de Paris avec un travail sur la nature du feu, puis onze fois de plus ensuite (un record, bien sûr).

LEONARD EULER.

London, Published as the Act directs, Octr. 13th 1801, by J. Wilk

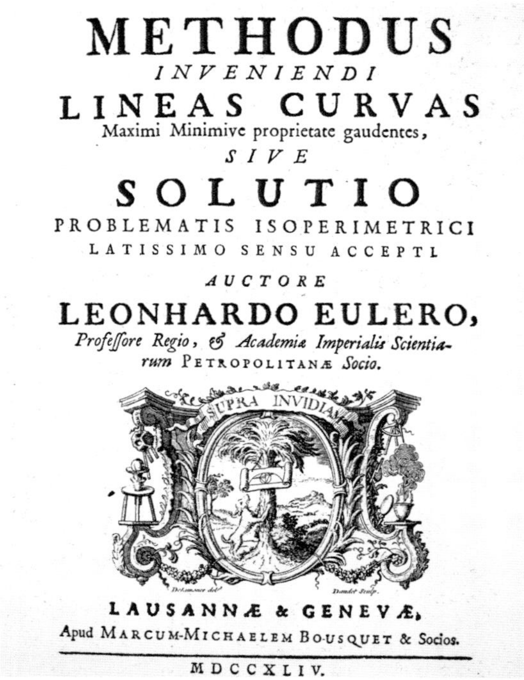
METHODUS
INVENIENDI
LINEAS CURVAS
Maximi Minimive proprietate gaudentes,
SIVE
SOLUTIO
PROBLEMATIS ISOPERIMETRICI
LATISSIMO SENSU ACCEPTI
AUCTORE
LEONHARDO EULERO,
Professore Regio, & Academiæ Imperialis Scientiarum PETROPOLITANÆ Socio.
SUPRA INVIDIAM
LAUSANNÆ & GENEVÆ,
Apud MARCUM-MICHAELEM BOUSQUET & Socios.
MDCCXLIV.

Durant la dernière partie de sa vie, Euler poursuivit son œuvre sans relâche, même si une opération ratée de la cataracte le laissa presque aveugle. Pour des raisons de politique interne, il se retira progressivement de l'Académie de Saint-Pétersbourg. Mais en 1783, la dernière année de sa vie, la princesse Catherine Dachkov, qui venait de prendre la direction de l'institution, insista pour faire son entrée avec lui. Quand elle vit que le siège à côté d'elle n'était pas libre, écrivit-elle, « [je me tournai] vers Monsieur Euler, je lui dis de s'asseoir où bon lui semblerait, parce que toute place qu'il occuperait deviendrait toujours la première. »

DEUX SIÈCLES PLUS TARD, les mathématiciens apprécient encore Euler à sa juste valeur. Jetons un œil sur les quatre résultats d'Euler que les lecteurs du *Mathematical Intelligencer* ont propulsé en tête du hit-parade…

• **$e^{i\pi} + 1 = 0$ (ou $e^{i\pi} = -1$)** Sûrement l'une des formules les plus étonnantes des mathématiques, qui présente la particularité de relier les cinq grandes constantes des mathématiques : 0, 1, π, e, et i.

Que dit la plus belle équation du monde ? L'exponentielle (exp) joue un rôle crucial en calcul différentiel et intégral, car c'est la seule fonction qui soit à la fois sa propre dérivée et sa propre intégrale. Elle tire son nom du fait que toutes ses valeurs sont des exposants (ou des puissances) du

↑ La page de titre de la première édition de *Methodus inveniendi lineas curvas*, publiée par Euler en 1744, un traité sur le calcul des variations naissant.

nombre exp(1). Par exemple, exp(2) = $\exp(1)^2$, exp(3) = $\exp(1)^3$, etc. Pour gagner de la place, on peut avec Euler noter *e* cette base exp(1). Un nombre apparemment absurde comme e^π (*e* multiplié par lui-même π fois, quoi que cette opération puisse signifier) désigne donc exp(π). Comme la fonction exp est parfaitement définie par le calcul, on peut déterminer exp(π), qui vaut en l'occurrence 23,1406…

Mais qu'est-ce qu'élever un nombre à une puissance imaginaire ? Comment multiplier 23, ou n'importe quel autre nombre, par lui-même $\sqrt{-1}$ fois ? L'opération semble parfaitement dénuée de sens…

Là encore, le truc consiste à penser fonctions plutôt que nombres. Euler savait écrire la fonction exp sous forme de série infinie. Il lui suffisait donc de remplacer x par ix, en tenant compte des règles $i^2 = -1$, $i^3 = -i$, $i^4 = 1$, etc. Cela fait, il trouva que :

$$\exp(ix) = 1 + ix - \frac{1}{2}x^2 - \frac{1}{6}ix^3 + \frac{1}{24}x^4 + \ldots$$

En séparant les termes sans i des termes avec i, Euler reconnut instantanément les deux autres fonctions les plus importantes du calcul différentiel et intégral, à savoir le sinus et le cosinus :

$$\exp(ix) = \cos(x) + i\sin(x)$$

Telle est la formule qu'Euler lui-même jugeait importante ! Elle apparaît en 1748 dans l'un de ses traités de calcul différentiel et intégral. Nulle part dans cet ouvrage, et nulle part dans aucun autre, il n'écrivit l'équation aujourd'hui associée à son nom ($e^{i\pi} = -1$). Euler avait compris que la fonction primait sur le nombre. Une version « numérique » de la formule s'obtient toutefois assez facilement en y substituant x par π : alors $e^{i\pi} = \exp(i\pi) = \cos(\pi) + i\sin(\pi) = -1 + 0i = -1$.

La beauté, bien sûr, se trouve dans l'œil de celui qui regarde. Les lecteurs du *Mathematical Intelligencer* ont préféré la seconde version du fait qu'elle relie les cinq constantes les plus fondamentales des mathématiques. Mais on prétendrait à non moins juste titre que la version utilisant exp, cos et sin ne lui cède en rien sur le plan de la beauté puisqu'elle relie les trois fonctions les plus fondamentales du calcul différentiel et intégral – étudiées elles aussi pendant des siècles. Elle présente en outre le mérite d'expliquer le sens de l'obscure équation $e^{i\pi} = -1$. Une formule qui éclaire est bien plus belle qu'une formule qui mystifie.

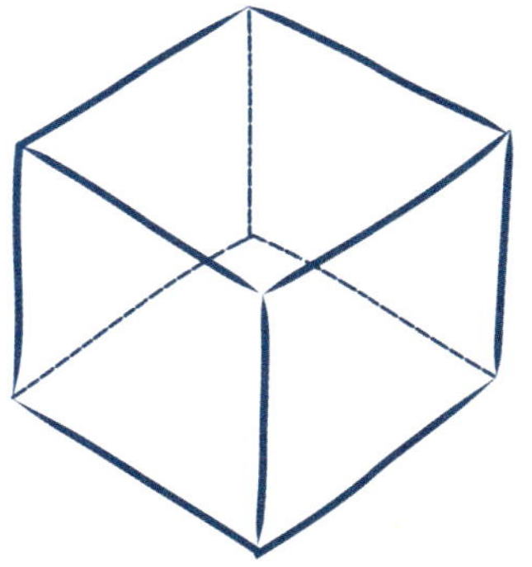

↑ Un cube présente 8 sommets, 12 arêtes et 6 faces.

• ***S* – *A* + *F* = 2**. Le sondage du *Mathematical Intelligencer* plaçait en deuxième position cette élégante formule qui relie le nombre de sommets (S), le nombre d'arêtes (A) et le nombre de faces (F) d'un polyèdre quelconque. Avec ses 8 sommets, ses 12 arêtes et ses 6 faces, un cube, par exemple, vérifie bien $8 - 12 + 6 = 2$. Cette règle admet toutefois un certain nombre d'exceptions, ce dont Euler n'avait pas pris conscience. Le calcul effectué sur un polyèdre en forme de chambre à air donne ainsi $S - A + F = 0$ et non 2. De fait, cette équation a marqué le début de la « topologie », une nouvelle branche des mathématiques qui s'est pleinement épanouie au XXe siècle. Le nombre $S - A + F$ s'appelle désormais « caractéristique d'Euler ». C'est un « invariant topologique » qui permet de distinguer une surface d'une autre. La caractéristique des formes sphériques vaut toujours 2 ; celle des formes toriques – les chambres à air précisément – vaut 0, celle des bretzels –4, etc.

• **L'infinitude des nombres premiers.** Le résultat en lui-même, déjà connu d'Euclide, est très ancien, mais Euler découvrit une façon radicalement nouvelle de le prouver, qui, sans surprise, fait appel aux notions de fonctions et de séries infinies qu'il chérissait tant. Elle utilise notamment la fonction zêta : $\varsigma(x) = 1 + 1/2^x + 1/3^x + 1/4^x + \ldots$ Euler montra que cette somme infinie est égale à ce qui est aujourd'hui appelé le « produit d'Euler » :

$$\zeta(x) = \frac{1}{\left(1-\frac{1}{2^x}\right)\left(1-\frac{1}{3^x}\right)\left(1-\frac{1}{5^x}\right)\left(1-\frac{1}{7^x}\right)\ldots}$$

Le produit au dénominateur est pris sur tous les nombres premiers 2, 3, 5, 7, etc. Pour les théoriciens des nombres, cette formule est probablement la plus importante qui ait jamais été découverte. L'essentiel de nos connaissances sur la distribution des nombres premiers découle d'une étude attentive de la fonction zêta. Mais nous y reviendrons ultérieurement.

• **Le problème de Bâle.** Le quatrième et dernier résultat d'Euler, qui se classait en cinquième position sur la liste, est la formule que nous avons déjà rencontrée :

$$1 + \frac{1}{4} + \frac{1}{9} + \frac{1}{16} + \ldots = \frac{\pi^2}{6}$$

Le lecteur perspicace aura reconnu $\varsigma(2)$ dans la partie gauche de cette identité. Cela dit, Euler a obtenu cette formule à partir d'une représentation en produit infini de la fonction sinus, et non de la fonction zêta.

LA LISTE DU *Mathematical Intelligencer* comprend surtout des résultats de mathématiques pures, mais Euler savait tout faire. Il développa la première théorie de l'hydrodynamique, étudia la déformation des corps élastiques et travailla même sur la position optimale des mâts d'un navire (un problème pratique important de son temps). Il paraît douteux qu'il ait opéré une quelconque distinction entre les mathématiques qui se suffisaient à elles-mêmes et celles qui offraient une solution à un problème pratique.

En définitive, comme l'a remarqué l'historien des sciences Jeremy Gray, l'un des apports les plus importants d'Euler aux mathématiques ne concerne aucune équation particulière. Dans la partie II, nous avions vu comment le goût du secret s'était opposé à la marche du progrès. Del Ferro, Tartaglia, Galilée, Fermat et Newton rechignaient tous à dévoiler leurs découvertes. Mais pas Euler. Il publia en abondance, par des mémoires qui donnaient souvent plus qu'ils ne promettaient, tout en faisant volontiers lui-même un pas de côté pour accorder crédit à autrui. Plus que quiconque, il a contribué à élever les mathématiques à leur état actuel – une profession où l'information (sauf exception malheureuse) appartient à tous.

PARTIE TROIS

Les voleurs de feu

Si vous passez un jour par Dublin, en Irlande, prenez donc le bus pour Broombridge Road et descendez à la station Royal Canal : vous vous trouverez alors à proximité du plus célèbre graffiti de l'histoire des sciences. Côté ouest du pont dont la rue tire son nom, au niveau du canal, une plaque rappelle en effet que le 16 octobre 1843, Sir William Rowan Hamilton, sous le coup d'un éclair de génie, gravait à ce même endroit la règle fondamentale de la multiplication des quaternions : $i^2 = j^2 = k^2 = ijk = -1$.

Pour être honnête, personne ne sait si Hamilton a vraiment inscrit sa formule dans une pierre de Brougham Bridge (Brougham se prononce « broom »). Cette anecdote, qui prend sa source dans une lettre qu'il a écrite à son fils Archibald bien des années plus tard, a pu être embellie avec le temps – comme cela arrive souvent avec les traditionnelles histoires de famille. L'excitation de Hamilton quant à sa découverte des quaternions, qu'il considérait comme la plus importante de sa vie, ne fait néanmoins aucun doute.

Hamilton s'était à tel point entiché de sa création qu'il passa d'ailleurs le reste de son existence à l'étudier. Avec le recul, il est clair que sa révélation marque un tournant dans l'histoire des mathématiques. Une algèbre entièrement nouvelle avait pour la première fois entièrement jailli de l'imagination d'un homme. Cette étape, jointe aux découvertes presque concomitantes de géométries différentes, libéra les mathématiciens des structures traditionnelles. Ils pouvaient enfin s'aventurer au-delà du monde réel et vagabonder dans des mondes qu'ils avaient eux-mêmes inventés.

Avant le XIXe siècle, il n'existait qu'une algèbre et qu'une géométrie, et l'idée qu'il puisse en exister d'autres n'était pas encore venue à l'esprit des mathématiciens. Le concept de « nombre » avait sans doute graduellement évolué au fil des siècles, d'abord par l'adjonction des irrationnels, puis du zéro et des négatifs, et des imaginaires enfin. L'annexion avait été acceptée avec difficulté, après d'âpres débats – elle avait été finalement acceptée parce que ces nouvelles classes de nombres se révélaient indispensables. Il est tout aussi vrai que le calcul différentiel et intégral présentait un caractère révolutionnaire, mais cette technique ne passait pas par la conception d'une géométrie nouvelle : l'espace de Newton restait euclidien.

Cette situation uniforme se renversa au XIXe siècle. L'époque fut révolutionnaire, en mathématiques comme ailleurs. Après la prise de la Bastille, les sociétés européennes repoussèrent leurs vieilles structures politiques pour en créer d'autres. De la même façon, les mathématiciens s'intéressèrent à des structures qui violaient directement les axiomes sur lesquels ils s'étaient reposés durant des siècles. À l'instar du *Frankenstein*, que Mary Shelley écrivit à cette époque, et même s'ils ne donnaient pas vie à des créatures faites de chair et d'os, les mathématiciens se muaient en Prométhée modernes.

Hamilton aurait probablement regretté cette évolution. Socialement très conservateur, il soutenait la Couronne britannique dans une Irlande qui se mourait de faim sous le joug anglais. En mathématiques, il inventa les quaternions dans le but de mieux comprendre les espaces euclidiens, pas pour créer une nouvelle algèbre. Mais ceux qui initient les révolutions n'ont pas toujours conscience de mettre le feu aux poudres...

13
Une nouvelle algèbre
Hamilton et les quaternions

William Rowan Hamilton naquit en 1806. Dès l'âge de dix ans, cet enfant prodige connaissait la plupart des langues européennes ainsi que l'hébreu, le grec et le latin pour ne citer qu'elles. Toute sa vie durant, il taquina la muse avec enthousiasme, nonobstant les conseils de son ami, le grand poète anglais William Wordsworth, qui lui suggérait de réserver l'essentiel de son énergie à la science.

En 1872, avant même d'avoir obtenu son diplôme à l'université, Hamilton fut nommé astronome royal d'Irlande. Ce poste récompensait moins un intérêt profond pour l'astronomie que pour l'optique. Étudiant, il avait déjà publié des articles sur ce sujet, et cinq ans plus tard, il faisait sensation en découvrant la réfraction conique. Certains cristaux, dits biréfringents, scindent la lumière en deux faisceaux bien distincts. Hamilton prouva mathématiquement que, sous un angle bien choisi, le faisceau se décomposerait en cône. Plus tard la même année, dans son laboratoire, Humphrey Lloyd observa effectivement le phénomène, si bien que pour la première fois ou presque, la théorie avait précédé l'expérimentation. Après ce résultat spectaculaire, Hamilton ne fut plus seulement regardé comme un jeune prodige, mais comme un véritable héros de la science britannique.

$$i^2 = j^2 = k^2 = ijk = -1$$

Les lettres *i*, *j* et *k* désignent des unités imaginaires. Les multiples de ces unités s'ajoutent aux nombres réels pour former l'ensemble des quaternions $a + bi + cj + dk$. Les règles présentées ci-dessus définissent alors de manière unique le produit (et, au prix d'un petit travail supplémentaire, le quotient) de deux quaternions.

L'histoire des quaternions, l'autre grande découverte de Hamilton, est plus sinueuse. À partir de 1830 environ, Hamilton s'est attaché à trouver un moyen de multiplier les triplets de nombres. À cette époque, la multiplication et la division des couples de nombres que forment les nombres complexes s'étaient révélées non seulement possibles mais essentielles aux mathématiques. Pour multiplier ou diviser de tels couples, disons $a + bi$ et $c + di$, il suffit appliquer les règles ordinaires de l'algèbre en tenant compte de l'identité magique $i^2 = -1$:

$$(a + bi)(c + di) = ac + bci + adi + bdi^2 = (ac - bd) + (bc + ad)i$$

$$\frac{1}{(a + bi)} = \frac{(a - bi)}{(a^2 + b^2)}$$

Hamilton connaissait également l'interprétation géométrique de la multiplication complexe, assez éloignée de ses origines algébriques. L'opération « multiplier par *i* », par exemple, équivaut à « tourner de 90 degrés dans le sens contraire des aiguilles d'une montre ». Plus généralement, la multiplication par $a + ib$ se décompose en deux étapes : une rotation et une homothétie (une dilatation ou une contraction). Cette interprétation ôte bien du mystère aux nombres complexes : autant il est parfois difficile d'imaginer

↑ La plaque apposée sur Brougham Bridge, à Dublin, commémore la découverte des quaternions par Hamilton.

un nombre dont le carré fasse −1, autant il se conçoit aisément que deux rotations de 90 degrés donnent une rotation de 180 degrés. Et mieux encore, dans la même logique, l'inversion de la multiplication complexe devient absolument évidente. Défaire l'opération « tourner de 72 degrés dans le sens des aiguilles d'une montre » revient simplement à « tourner du même angle en sens inverse ». Défaire l'opération « étirer de 150 pour cent » revient simplement à « contracter de 67 pour cent ».

Les nombres complexes se limitent hélas à une représentation bidimensionnelle du monde. Hamilton cherchait donc une algèbre à trois dimensions, plus adaptée à la réalité, aussi puissante que l'algèbre des nombres complexes. Mais toutes ses tentatives, jusqu'à 1843, avaient échoué. La division se dressait devant lui comme un écueil infranchissable. De quelque façon qu'il multipliait les triplets de nombres, il restait incapable de les diviser.

Puis survint cette fameuse promenade sur Brougham Bridge. Il comprit soudainement – mais probablement au terme d'un long processus inconscient – que l'introduction d'une quatrième dimension arrangerait tous ses problèmes.

Hamilton proclama donc l'existence de trois unités imaginaires, i, j et k, et d'une multiplication définie par les règles suivantes :

$$i^2 = j^2 = k^2 = -1$$
$$ij = -ji = k, jk = -kj = i, ki = -ik = j$$

Pour additionner, soustraire, multiplier ou diviser deux quaternions $a + bi + cj + dk$ et $w + xi + yj + zk$, il suffit de suivre en plus les règles habituelles de l'algèbre. La division, on s'en doute, reste l'opération la plus embrouillée. Le calcul montre que : $1/(a + bi + cj + dk)$ est égal à

$(a - bi - cj - dk)/(a^2 + b^2 + c^2 + d^2)$. On peut se convaincre de la validité de cette identité en la multipliant de chaque côté par $a + ib + jc + kd$. Il ne faut pas s'attacher à la signification des imaginaires i, j et k, juste laisser courir le calcul.

UN ACTE FONDATEUR aussi gratuit n'avait pratiquement jamais été observé en mathématiques. Les collègues de Hamilton ne voyaient rien de faux à ces formules, mais, à l'instar de son ami John Graves, s'interrogeaient : « Il y a encore quelque chose dans le système qui me tracasse. [...] Je ne vois toujours pas nettement à quel point nous sommes libres de créer des imaginaires, et de les doter de propriétés surnaturelles. »

Hamilton passa les vingt-deux dernières années de sa vie à promouvoir les quaternions. Il leur consacra un traité de 700 pages, puis, le jugeant d'approche trop ardue, se lança dans un manuel destiné aux étudiants – 800 pages de plus, qui restèrent inachevées à sa mort.

Les quaternions n'ont toutefois pas acquis la popularité qu'il espérait, et cela pour de multiples raisons. Le sens à accorder à la quatrième dimension, par exemple, posait problème. En avançant qu'elle représentait le temps[10], Hamilton fut le premier à joindre l'espace au temps en un « espace-temps ». Mais la physique attendra le XXe siècle et Albert Einstein pour ressentir la nécessité d'un tel concept.

L'analyse vectorielle, développée par Oliver Heaviside (un Anglais) et Josiah Willard Gibbs (un Américain) dans les années 1870, nuit également beaucoup aux quaternions. Heaviside et Gibbs se dispensaient entièrement des quantités imaginaires et représentaient simplement un point de l'espace par un triplet de nombres (a, b, c), appelé vecteur. Plutôt qu'une multiplication, ils en définirent deux, respectivement baptisées produit scalaire et produit vectoriel. Mais aucune n'est inversible, et le produit scalaire de deux vecteurs ne renvoie même pas un vecteur – mais un nombre réel. Ce que les vecteurs perdent ainsi en élégance, ils le gagnent pourtant en commodité. Mieux adaptés aux enjeux de la physique et de l'ingénierie, les vecteurs l'ont emporté sur les quaternions.

---

[10] L'ironie du sort veut que les trois imaginaires i, j, k des quaternions correspondent aux trois dimensions d'espace et que le temps soit la seule coordonnée réelle (c'est-à-dire le nombre a dans l'expression $a + bi + cj + dk$). Le monde imaginaire a basculé dans le réel et vice-versa.

L'une des raisons de cette victoire tient aussi à ce que ni Hamilton ni ses partisans n'ont vraiment compris la nature profonde des quaternions. De la même façon que les nombres complexes représentent des rotations et des homothéties dans le plan, les quaternions représentent des opérations géométriques de l'espace. Il ne faut donc pas les utiliser comme des vecteurs. Les vecteurs sont les objets sur lesquels agissent les rotations. Les quaternions sont les rotations.

HAMILTON NE PERÇUT JAMAIS cette distinction. Elle ne fut reconnue que par un mathématicien du XXe siècle, Élie Cartan, qui baptisa « spineurs » ce type d'objets (dont nous reparlerons dans la partie IV). Aujourd'hui, rien ne remplace les quaternions pour représenter ce qui tourne en trois dimensions, et notamment les protons, les neutrons et les électrons, c'est-à-dire les briques du monde physique. Bien sûr, l'existence de ces particules subatomiques n'était pas même suspectée du temps de Hamilton, qui avait tout simplement découvert les mathématiques requises un siècle avant que leur nécessité apparaisse.

En attendant, comme je l'ai déjà indiqué, la théorie des quaternions eut un effet libérateur sur les mathématiciens et les incita à penser à d'autres types d'algèbres possibles. La multiplication des quaternions viole en effet une règle qui n'avait jamais été remise en question jusque-là, à savoir la commutativité : le résultat dépend généralement de l'ordre dans lequel l'opération est effectuée. Pour donner un exemple, ij est égal à k, mais ji est égal à $-k$. Avec les quaternions, c'est la première algèbre non commutative qui se dévoilait aux yeux des mathématiciens.

Une fois ses inquiétudes apaisées, Graves, l'ami de Hamilton, découvrit les octonions, une algèbre à octuplets, c'est-à-dire à 8 composantes. Manier ce type de nombres demande une attention encore plus soutenue car la multiplication ne dépend pas seulement de l'ordre des facteurs, mais aussi de la façon de grouper le calcul : si a, b et c désignent des nombres réels, des nombres complexes ou même des quaternions, alors $(ab)c = a(bc)$; pour les octonions, en revanche, $(ab)c$ diffère généralement de $a(bc)$. L'indépendance du groupement est une propriété que les mathématiciens avaient toujours considérée comme allant de soi. Désormais reconnue, elle fut nommée

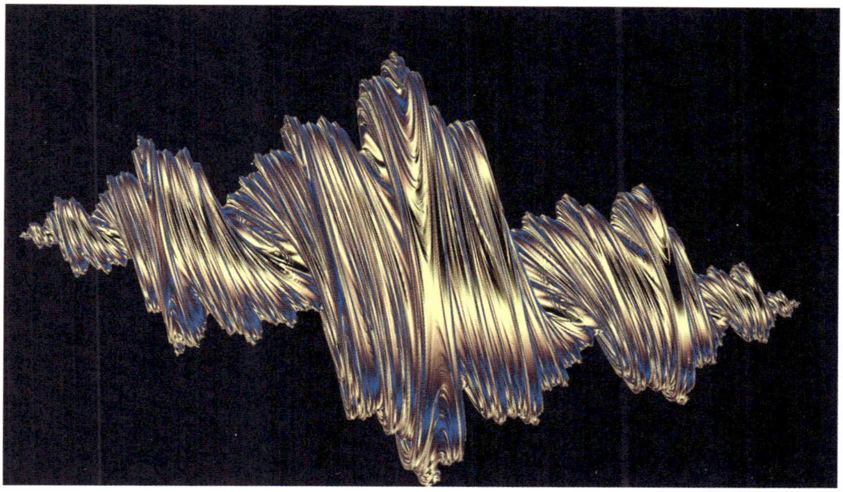

↑ Quaternions et fractales. Une image obtenue à partir d'un ensemble de Julia dans l'espace des quaternions.

« associativité ». On pourrait imaginer que l'algèbre suivante porte sur des nombres à 16 composantes. Mais ce serait oublier que chaque doublement du nombre de dimensions s'obtient au prix d'un sacrifice : en passant de 2 à 4, on perd la commutativité ; en passant de 4 à 8, on perd l'associativité ; et en passant de 8 à 16, on perd… la division. À ce stade, le programme de Hamilton visant à définir des nombres hypercomplexes perd son sens premier, puisque la division est précisément ce qu'il s'escrimait à définir.

Les mathématiciens qui suivirent ne se laissèrent pas arrêter par ce type de scrupules. Une fois les vannes ouvertes, tout devint permis. On vit apparaître des structures algébriques à trois opérations (addition, soustraction, multiplication), appelées anneaux, ou à deux opérations (addition et soustraction, ou multiplication et division), appelées groupes, ou même à une opération, appelées monoïdes. Face à une telle diversité, la question n'est plus de savoir ce qu'il est *possible* d'étudier mais ce qu'il est *préférable* d'étudier. Une nouvelle structure permet-elle de résoudre tel problème préexistant ? Présente-t-elle des propriétés intéressantes ? Le concept de groupe, par exemple, se classe très haut à l'échelle de ces critères. Il fait précisément l'objet du prochain chapitre.

14
Deux étoiles filantes
La théorie des groupes

Deux des plus brillants talents des mathématiques du début du XIXe siècle disparurent en pleine jeunesse : le Norvégien Niels Henrik Abel, à 26 ans, et le Français Évariste Galois, à 20 ans. Cette mort prématurée n'est pas le seul lien qui unissait les deux hommes. Leurs efforts ont permis de résoudre l'un des problèmes les plus classiques des mathématiques, à savoir l'existence d'une formule de Cardan générale, valable pour les équations de degré n quelconque, et non pas seulement pour les cubiques (dont nous avons discuté au chapitre 7). Dans le même mouvement, ils ont jeté les bases de ce que nous appelons aujourd'hui la théorie des groupes.

Abel naquit en 1802. Ce rejeton d'une longue lignée de pasteurs vit son enfance se dérouler durant une période politiquement délicate en Norvège : suite à près de 300 ans d'une domination danoise relativement souple, le pays acquit son indépendance en 1814, avant de reconnaître le roi de Suède un peu plus tard la même année. Le père d'Abel, par deux fois élu au Parlement, joua ensuite le rôle du fusible lors d'un scandale, en raison de sa position minoritaire favorable à l'indépendance. Après sa mort en 1820, son épouse alcoolique partit refaire sa vie avec un autre homme, abandonnant ses enfants à leur triste sort.

Par chance, les professeurs d'Abel avaient reconnu et encouragé son talent pour les mathématiques. À la fin de ses études universitaires, ils avaient

$$\mathrm{Gal}(K/Q) = S_5$$

L'expression $\mathrm{Gal}(K/\mathbf{Q})$ désigne le groupe de Galois d'un polynôme sur le corps des rationnels $\mathbf{Q}$, et S_5 le groupe des 120 permutations de cinq objets. Quand le groupe de Galois d'un polynôme est égal à S_5, il est impossible de trouver les racines de ce polynôme en utilisant seulement l'addition, la soustraction, la multiplication, la division et les racines énièmes.

clairement perçu qu'il gâcherait ses dons en restant en Norvège, si bien que la faculté persuada le roi de Suède de lui accorder une bourse de deux ans afin qu'il visite les deux grands centres mathématiques européens : Göttingen en Allemagne et Paris en France. Cette longue *Wanderjahr*, qui dura de 1825 à 1827, débuta sous les meilleurs auspices. En Allemagne, il rencontra d'abord August Crelle, qui s'apprêtait à lancer le *Journal de mathématiques pures et appliquées*, une revue souvent appelée aussi le *Journal de Crelle*. Mais Abel ne parvint pas à impressionner les grands mathématiciens du temps comme Karl Friedrich Gauss ou, plus tard, en France, Augustin-Louis Cauchy et Adrien-Marie Legendre. Durant son séjour à Paris, en 1826, Abel soumit à l'Académie des sciences ce qu'il considérait comme son meilleur mémoire. Cauchy l'oublia apparemment dans le fond d'un tiroir, et il ne fut publié qu'en 1841, longtemps après la mort de l'auteur.

Quand Abel fut retourné en Norvège, ses autres articles parurent à un rythme soutenu dans le *Journal de Crelle*. Les mathématiciens parisiens demeurèrent stupéfaits, d'abord par la qualité des travaux de cet inconnu du bout du monde, ensuite d'apprendre que le jeune prodige était passé par Paris, et finalement de se rendre compte qu'ils avaient égaré un de ses mémoires à eux présenté ! Legendre adressa des excuses à Abel, puis, avec trois autres mathématiciens, demanda au roi de Suède de trouver un moyen de venir en aide au « jeune géomètre, M. Abel, dont les productions annoncent un esprit de premier ordre, et qui néanmoins languit à Christiania [Oslo] dans un poste peu digne de son rare et précoce talent ».

Legendre et ses confrères avaient par ailleurs ouï dire qu'Abel jouissait d'une mauvaise santé. Cette rumeur, malheureusement, ne se révéla que trop fondée. Abel mourut de la tuberculose en avril 1829, deux jours seulement avant qu'une lettre de Crelle ne lui annonce qu'une chaire l'attendait à Berlin.

L'HISTOIRE D'ÉVARISTE GALOIS a pâti, elle aussi, d'une malchance incroyable et d'un manque de jugeote certain. Né en 1811, à Bourg-la-Reine, près de Paris, il fut qualifié de « bizarre » et « original » par certains de ses professeurs. À l'âge de 17 ans, il envoya à Cauchy un mémoire sur la solvabilité des équations polynomiales – ce même Cauchy qui avait égaré le manuscrit d'Abel deux ans plus tôt. Ce travail se perdit lui aussi, mais pas de son fait cette fois. Galois écrira plus tard : « En vérité, je ne conçoi[s] pareille insouciance de la part des hommes qui ont sur la conscience la mort d'Abel. » Les mots de Galois, bien entendu, vont beaucoup trop loin. La perte du mémoire d'Abel a de quoi scandaliser, certes, mais l'Académie ne saurait être accusée de sa mort, d'autant qu'elle avait même essayé d'intercéder en sa faveur. L'invective témoigne surtout chez Galois de sa haine de l'autorité.

En 1830, les émeutes qui éclatèrent dans les rues de Paris entraînèrent l'abdication du roi Charles X. Les républicains extrémistes, dont faisait partie Galois, auraient souhaité abolir la monarchie du même coup, mais l'avis des modérés, conduits par le populaire marquis de La Fayette, l'emporta. Louis-Philippe fut nommé « roi citoyen » de France, ce qui signifiait que son pouvoir était encadré par une charte constitutionnelle.

Galois ne put participer directement à cette révolution de Juillet, car le directeur de l'École normale supérieure, où Galois étudiait, avait littéralement enfermé les élèves. Il ne se lança avec ardeur dans la vie politique qu'à partir de 1831, et fut arrêté deux fois cette année-là : d'abord pour avoir menacé de mort le roi Louis-Philippe ; ensuite pour avoir voulu manifester (lourdement armé !) le 14 juillet. C'est donc en prison qu'il apprit que l'Académie des sciences avait refusé son dernier mémoire sur la théorie des équations !

Galois recouvra sa liberté en avril 1832 et mourut à la fin du mois de mai. Les circonstances du drame sont obscures. La thèse d'une provocation policière a été soutenue mais n'a pas convaincu. Galois lui-même embrouille plus qu'il n'éclaire quand il écrit : « Je prie les patriotes, mes amis, de ne pas me reprocher de mourir autrement que pour le pays. Je meurs victime d'une infâme coquette, et de deux dupes de cette coquette. C'est dans un misérable cancan que s'éteint ma vie. [...] Adieu ! J'avais bien de la vie pour le bien public. Pardon pour ceux qui m'ont tué, ils sont de bonne foi. »

↑ Une page de la main du mathématicien Évariste Galois (1811-1832).

Le 30 mai, au lendemain de ces quelques mots, une balle lui troua le ventre. Dans ses *Mémoires*, Alexandre Dumas père indique qu'elle fut tirée par Pescheux d'Herbinville, un autre militant de la cause républicaine. Laissé pour mort sur le sol, Galois fut retrouvé quelques heures plus tard, et décéda le jour suivant.

ON NE PEUT S'EMPÊCHER D'IMAGINER tout ce qu'Abel et Galois auraient pu accomplir s'ils avaient vécu plus longtemps. Leur juste renommée doit en tout cas bien plus aux théorèmes qu'ils ont prouvés qu'à leur mort prématurée.

Abel et Galois s'intéressaient tous deux à la résolution des équations polynomiales. Dans la partie II, j'ai déjà raconté comment Cardan avait « volé » la formule de la cubique (ou équation du troisième degré), et comment

Ferrari, son protégé, avait ensuite trouvé celle de la quartique (quatrième degré). Dans les deux cas, les solutions de l'équation, ou les « racines » du polynôme, peuvent être exprimées à l'aide des seules opérations algébriques (addition, soustraction, multiplication, division et extraction de racines énièmes). Les racines, ou les « radicaux », sont souvent imbriquées les unes dans les autres – une racine carrée dans une racine cubique dans une racine quatrième, par exemple –, d'où l'expression « solutions par radicaux » souvent employée à leur propos. Dans les trois siècles qui suivirent Cardan et Ferrari, personne ne parvint à trouver une solution par radicaux générale, c'est-à-dire une formule valable pour tous les polynômes de degré supérieur ou égal à 5. Quelques-uns commencèrent donc à douter qu'une telle solution pût exister.

De fait, il est très difficile de prouver une impossibilité. Il ne s'agit pas seulement d'accumuler des échecs dans les tentatives de résolution, mais de découvrir un vice inhérent à l'outil qui est manié. À proprement parler, Abel et Galois n'ont pas prouvé l'inexistence de solutions à la quintique (cinquième degré). Les deux jeunes mathématiciens ont démontré un résultat plus subtil, à savoir que les cinq opérations énoncées ci-dessus ne suffisent pas pour exprimer les solutions, à supposer qu'elles existent. Leurs preuves reposent sur une vision très neuve et très profonde du concept de symétrie.

Pour donner une idée de leur approche, partons du polynôme original de degré 5 :

$$x^5 + ax^4 + bx^3 + cx^2 + dx + f$$

S'il admet cinq racines r_1, r_2, r_3, r_4, et r_5, alors chaque coefficient du polynôme est une fonction symétrique des racines, par exemple,

$$a = -(r_1 + r_2 + r_3 + r_4 + r_5),$$

$$b = r_1r_2 + r_1r_3 + r_1r_4 + r_1r_5 + r_2r_3 + r_2r_4 + r_2r_5 + r_3r_4 + r_3r_5 + r_4r_5,$$

et ainsi de suite. Toutes les racines participent également à l'expression du coefficient. Galois observa plus précisément qu'en permutant les racines de n'importe quelle façon (par exemple en remplaçant r_1 par r_2 et r_2 par r_1), les termes seront listés dans un ordre différent mais le résultat restera globalement identique. Comme 5 nombres se permutent de 120 façons différentes, un polynôme de degré 5 présente *a priori* 120 symétries. Mais ce nombre est moins élevé pour certains polynômes. La raison est assez technique… Disons que des permutations se voient interdites par des relations algébriques supplémentaires entre racines – une racine qui serait le carré d'une autre, par exemple.

Abel comprit, et Galois le précisa, qu'une solution par radicaux entraînait l'existence d'une cascade de polynômes intermédiaires et d'une cascade de « corps de nombres » correspondant aux racines de ces polynômes. Ces hiérarchies expliquent l'imbrication des radicaux dans les formules de Cardan et de Ferrari. Ôter une couche de radicaux – comme peler un oignon –, c'est descendre à une couche de corps inférieure.

Nous arrivons maintenant à un point difficile mais essentiel de la théorie de Galois. Le *groupe* (un terme forgé par Galois) formé par les 120 permutations des racines ne peut supporter la tour des sous-groupes du type requis. Dit autrement, il est impossible à un pâtissier de préparer une pièce montée de 120 mètres de haut. En l'occurrence, il pourra monter à 20 mètres – un polynôme de degré 5 résoluble par radicaux présente au plus 20 symétries.

IL EST FINALEMENT POSSIBLE de déterminer clairement si une équation polynomiale est résoluble par radicaux ou non : oui si le groupe de Galois contient 20 éléments ou moins ; non dans le cas contraire. Galois jugeait ce critère assez théorique – mais aujourd'hui, grâce aux ordinateurs, le calcul du groupe de Galois s'est largement automatisé. Le groupe de Galois de l'équation $x^5 - x + 2$, par exemple, contient l'ensemble des 120 permutations ; les solutions de l'équation $x^5 - x + 2 = 0$ ne peuvent donc pas s'exprimer à l'aide des seules cinq opérations algébriques.

Il n'empêche que l'équation *présente* des solutions. En 1858, Charles Hermite prouva que les solutions d'une quintique quelconque pouvaient s'obtenir en ajoutant à la palette usuelle les fonctions elliptiques, une classe de fonctions découvertes par Abel.

C'est une réaction bien humaine à un problème : si les outils ne conviennent pas, inventons-en de nouveaux. Mais les mathématiciens ne sont pas tout à fait des êtres humains comme les autres. Comme ils s'intéressent souvent à des problèmes très en amont des applications pratiques, ils se soucient

davantage de la façon dont ils sont résolus qu'aux solutions elles-mêmes. Les travaux d'Abel et de Galois sur l'équation du cinquième degré ont donc logiquement éclipsé la découverte d'Hermite sur leur solubilité par équations elliptiques.

De fait, la notion de groupe élaborée par Galois est aujourd'hui le principal outil utilisé par les mathématiciens pour formaliser l'idée ancienne de symétrie. Je trouve d'ailleurs très curieux que le premier usage explicite des groupes de symétrie soit issu d'un contexte aussi difficile d'accès. Imaginerait-on que la roue n'ait été inventée que pour poser un avion au sol ?

← Une représentation de la symétrie. Céramique d'Iznik aux bains turcs d'Istanbul, vers 1550-1600.

La notion de groupe de symétrie devrait être inscrite au fondement des mathématiques. Il se pourrait même que notre capacité à percevoir la symétrie précède notre aptitude à compter. Peut-être justement que cette trop grande évidence l'a rendue difficile à voir. Les mathématiciens n'ont pu conceptualiser la symétrie qu'en la rencontrant dans un contexte plus obscur, comme celui des équations polynomiales.

Galois nous a laissé une théorie au moins aussi révolutionnaire que la cause politique pour laquelle il militait. Le succès de l'outil qu'il inventa a sûrement dépassé ses rêves les plus fous. Les groupes sont aujourd'hui utilisés par les chimistes pour décrire les symétries des cristaux, ou par les physiciens pour décrire les symétries des particules subatomiques. L'ingrédient mathématique le plus essentiel à la théorie des quarks que proposa Murray Gell-Mann en 1961, et qui allait lui faire gagner le prix Nobel, est un groupe à huit dimensions appelé SU(3), qui détermine le nombre de particules de spin ½ (comme le neutron ou le proton). De nos jours, quand un théoricien décide d'écrire une nouvelle théorie de champs, il commence par écrire… son groupe de symétrie.

15
Le monde des baleines et des fourmis
Les géométries non-euclidiennes

À l'époque même où l'algèbre vivait une révolution, la géométrie connaissait la sienne. Depuis deux mille ans, cette discipline reposait sur un petit ensemble d'axiomes, évidents en eux-mêmes et indépendants les uns des autres, à partir duquel tous les résultats, pensait-on, se déduisaient. Pendant des siècles, les *Éléments* d'Euclide avaient en somme été considérés comme le *nec plus ultra* en matière de raisonnement mathématique.

Un des axiomes, auquel Euclide ne recourait qu'assez loin dans son livre, jouissait pourtant d'un statut particulier. Ce « postulat des parallèles » s'énonce de la manière suivante : « Si une droite tombant sur deux droites fait les angles intérieurs du même côté plus petits que deux droits, ces droites, prolongées à l'infini, se rencontreront du côté où les angles sont plus petits que deux droits. » Il est par exemple utilisé pour montrer que la somme des angles d'un triangle vaut 180°.

De nombreux mathématiciens croyaient le postulat juste mais pensaient qu'il découlait des autres axiomes. Pour pallier cette légère imperfection du système d'Euclide, par ailleurs éprouvé, il convenait donc de considérer cet axiome comme un théorème et d'en trouver une démonstration. Avec le temps, cette quête prit un tour quasi mythique. Legendre (que nous

$$ds^2 = \frac{dx^2 + dy^2}{y^2}$$

L'hypoténuse *ds* d'un triangle « infinitésimal » non-euclidien, en fonction de ses deux autres côtés *dx* et *dy*.

avons déjà rencontré) pensa avoir touché au but. De même que, à un moment ou à un autre, John Wallis, John Playfair, Girolamo Saccheri, Jean-Henri Lambert et Wolfgang Bolyai. Mais aucune de ces preuves ne résista à un examen minutieux… Toutes faisaient implicitement appel à des hypothèses pas mieux fondées que l'axiome qu'elles entendaient démontrer.

Dans la première moitié du XIXe siècle, trois hommes en vinrent donc, chacun de leur côté, à penser l'impensable : qu'il puisse exister une géométrie parfaitement valable qui ne vérifie pas le postulat des parallèles. Par nature, cette géométrie « non-euclidienne » violerait expressément l'axiome posé par Euclide plus de deux millénaires auparavant…

Cette idée était tout aussi hérétique que la formulation d'une algèbre non commutative par Hamilton. Mais il fallait sans doute un peu plus de courage pour oser dénier un fondement porté par la caution d'Euclide et des siècles de tradition.

Le premier de ces trois révolutionnaires fut Karl Friedrich Gauss, le plus grand mathématicien de cette époque. Il s'était lié d'amitié avec Bolyai du temps de leurs années d'études communes. Gauss s'était essayé à montrer le postulat des parallèles au début des années 1800, puis, graduellement, autour de 1820, il semble s'être convaincu de l'existence possible d'une géométrie alternative. Il ne publia toutefois jamais ses idées, se contentant d'y faire vaguement allusion dans des lettres, de peur, écrivit-il à un autre ami, Friedrich Bessel, d'entendre « hurler les Béotiens ».

LE SECOND HÉROS DE LA GÉOMÉTRIE non-euclidienne fut Janos Bolyai, le fils du vieil ami de Gauss. Ce dernier, qui était devenu professeur de mathématiques en Hongrie, avait ainsi tenté de décourager son fils de se lancer dans l'aventure : « Pour l'amour de Dieu [...], je t'en supplie, abandonne. Crains [le postulat des parallèles] comme les passions sensuelles, car, comme elles, il pourrait absorber tout ton temps et te priver de la santé, de la paix de l'esprit et de la joie de vivre. » Mais Janos ignora le conseil et rédigea un mémoire de 24 pages sur ce qu'il appelait la « science absolue de l'espace », que son père accepta de publier en 1832 comme appendice à l'un de ses propres manuels.

Bien entendu, Bolyai père en envoya un exemplaire à Gauss. Sa réponse sur ce travail fut tout à fait inattendue : « Le louer serait me louer moi-même ; en effet, le contenu tout entier de l'ouvrage, la voie qu'a frayée ton fils, les résultats auxquels il a été conduit coïncident presque entièrement avec mes propres méditations [...] Mon idée [était] de mettre, avec le temps, tout par écrit afin qu'au moins cela ne périsse pas avec moi. Aussi est-ce pour moi une agréable surprise de voir que cette peine peut maintenant m'être épargnée, et je suis rempli d'une joie extrême que ce soit précisément le fils de mon vieil ami qui m'ait devancé d'une manière si remarquable. »

En dépit du compliment final, le fils Bolyai reçut le message comme un coup de massue : la géométrie non-euclidienne qu'il croyait avait découverte était déjà connue. Et Janos ne publia plus aucun travail mathématique de sa vie...

Non seulement Gauss n'avait pas eu le courage de publier lui-même sa découverte, mais il a fallu en plus qu'il décourage un aspirant mathématicien très prometteur !

Du fait de la discrétion de Gauss et de la démission peut-être un peu trop précipitée de Bolyai, le mérite de la découverte de la géométrie non-euclidienne revient surtout à Nikolaï Ivanovitch Lobatchevski. Ce mathématicien russe vécut à Kazan, l'ancienne capitale des Tatars. Il publia une première version de son travail en 1829, dans une obscure petite revue russe, mais, contrairement à Bolyai, persévéra dans son propos, jusqu'à un article paru dans le *Journal de Crelle* en 1837. De son vivant, pourtant, il ne connut pas le type d'encouragements auxquels on aurait pu s'attendre. Aujourd'hui, en revanche, Lobatchevski est considéré comme l'un des plus grands mathématiciens russes. Sa géométrie est même dite « lobatchevskienne » dans son pays. En Occident, les mathématiciens la désignent de façon plus explicite par l'expression « géométrie hyperbolique ».

Qu'est-ce exactement que cette géométrie ? Tâchons d'oublier le postulat des parallèles, la géométrie euclidienne, et, plus difficile encore, le préjugé qui nous incite à la regarder comme la géométrie « naturelle », celle du monde réel. La géométrie hyperbolique n'est pas plus artificielle que la géométrie euclidienne : si les baleines pratiquaient la géométrie, celle-ci serait hyperbolique.

Glissons-nous un instant dans la peau d'un tel animal. La lumière, qui pénètre très peu sous la surface de l'océan, ne nous servirait guère dans ce monde de ténèbres. Nous y « verrions » donc grâce au son. Dans ce contexte, le plus court chemin entre deux points correspond au trajet emprunté par les ondes sonores – l'analogue de la ligne droite pour les ondes lumineuses.

Mais il y a un hic. Le son ne se déplace pas à vitesse constante dans l'océan. En deçà de 600 mètres environ, il voyage à une vitesse proportionnelle à la profondeur. Une onde sonore émise par une baleine A à destination d'une baleine B ne se propage donc pas en ligne droite mais selon une ligne incurvée – elle gagne en vitesse si elle descend puis remonte. Les courbes décrites sont

↓ Courbes de propagation du son dans l'océan.

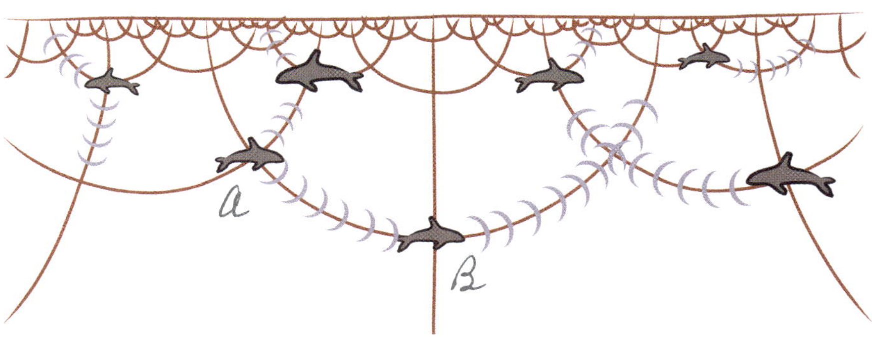

plus précisément des arcs de cercles centrés à la surface de l'océan. La ligne droite pour une baleine (distance la plus courte entre deux points) correspond donc au cercle pour les humains.
Cette géométrie donne lieu à des propriétés étranges pour nous… mais parfaitement normales pour des baleines. La somme des angles d'un triangle vaut moins de 180 degrés. Il existe des pentagones dont tous les angles sont droits, mais pas de rectangles. Plus important, c'est une géométrie à *courbure négative*, ce qui signifie que des lignes parallèles ont tendance à s'écarter les unes des autres.

NOUS CONNAISSONS EN RÉALITÉ une autre géométrie non-euclidienne depuis des siècles, à savoir la géométrie sphérique – il se trouve simplement que personne ne l'avait jamais envisagée sous cet aspect. Sur une sphère (comme la surface de la Terre), la somme des angles d'un triangle est supérieure à 180 degrés. Et il existe des triangles à trois angles droits ! Pour en tracer un, il suffit de partir du pôle Nord et suivre un méridien jusqu'à l'équateur, puis se diriger à l'est ou à l'ouest et parcourir un quart du tour de la Terre, puis retourner au pôle Nord. Mais il n'existe pas de rectangle. La géométrie sphérique est à courbure sphérique. En d'autres termes, des lignes parallèles (comme des méridiens près de l'équateur) ont tendance à se rapprocher, et à finir par converger vers les pôles.
La raison pour laquelle personne n'avait jamais songé à poser la géométrie sphérique en alternative à la géométrie euclidienne est très simple : nous voyons la sphère plongée dans un espace tridimensionnel. Dès lors, son caractère non-euclidien ne saute pas aux yeux. Il en irait tout autrement si nous étions incapables de percevoir la troisième dimension, c'est-à-dire de voir au-delà de la surface de la Terre. La géométrie sphérique est la géométrie d'une fourmi qui vivrait sur quelque planète sans océan (libre ainsi d'aller n'importe où), sans aucune perception du sous-sol ou de l'espace.

← Géométrie sphérique et courbure de la Terre.

Il n'existe pas une unique géométrie de la nature, mais tout un spectre de géométries à différents niveaux de courbure, depuis la géométrie de la fourmi (sphérique) à la géométrie de la baleine (hyperbolique) en passant par la géométrie humaine (euclidienne). Et ce n'est pas tout. Il ne s'agit là que des géométries à courbure *constante*. Il est aussi possible d'imaginer des géométries dont la courbure varie avec le lieu. Elles peuvent être bidimensionnelles, tridimensionnelles ou de dimension plus élevée. Gauss (qui avait peut-être à l'esprit ses idées non publiées sur la géométrie hyperbolique) est le premier mathématicien à avoir compris le concept de courbure variable dans un espace à deux dimensions. Son étudiant Bernhard Riemann a étendu la notion aux dimensions supérieures en 1854. Tous deux anticipaient ainsi l'une des découvertes les plus marquantes du XXe siècle : la théorie de la relativité générale d'Einstein, qui postule précisément que la courbure de l'espace-temps varie en fonction de la position. De fait, sans Lobatchevski, Bolyai, Gauss et Riemann, Einstein n'aurait jamais pu formuler mathématiquement sa théorie.

↑ « Allégorie de la géométrie », gravure, F. Floris, XVIe siècle.

16
Vive les nombres premiers !
Le théorème des nombres premiers

Le comportement discutable de Gauss au sujet de la géométrie non-euclidienne ne doit pas masquer le caractère exceptionnel de l'ensemble de sa carrière, tant ses contributions furent aussi profondes que variées. À lui seul ou presque, il créa la théorie des nombres moderne, c'est-à-dire la théorie qui traite des propriétés des nombres entiers, et plus spécialement des solutions des équations à coefficients entiers.

Gauss naquit en 1777 à Brunswick en Allemagne. Enfant prodige, il attira l'attention du prince local, ce qui lui permit de bénéficier d'une excellente éducation et d'étudier à l'université de Göttingen, où il obtint son doctorat en 1799.

La théorie des nombres, qu'il appelait la « reine des mathématiques », occupa toujours une place chère à son cœur. Il fit avec elle ses premières découvertes significatives. En 1796, encore étudiant, Gauss prouva qu'un polygone à 17 côtés, ou heptadécagone, peut être construit à la règle et au compas. En dépit de sa forte consonance géométrique, cet énoncé est lié de près à la solvabilité des équations polynomiales.

Le problème se ramène à savoir si l'angle $^{360}/_{17}$ degrés peut être construit à la règle et au compas – dans ce cas, le polygone désiré s'obtiendra en joignant 17 triangles isocèles qui présentent un tel angle à un sommet. Dès 1637,

$$\pi(n) \approx \int_2^n \frac{dx}{\ln(x)}$$

La fonction $\pi(n)$ (qu'il ne faut pas confondre avec le nombre π) est définie au point n par le nombre de nombres premiers plus petits que n. Le théorème des nombres premiers stipule qu'elle vaut en gros l'intégrale de la fonction densité $1/\ln(x)$. La précision de cette approximation s'améliore à mesure que n croît.

René Descartes, dans sa *Géométrie* (que Gauss avait bien sûr étudiée), avait proposé un critère simple dans le cas d'un segment de droite. Il affirmait plus précisément qu'un segment se construit à la règle et au compas à partir d'un segment unitaire si sa longueur peut être exprimée en utilisant uniquement les cinq opérations algébriques +, −, ×, ÷ et √. Cette boîte à outils nous rappelle quelque chose… Effectivement, elle ressemble beaucoup à celle qui définit les solutions par radicaux des équations polynomiales, mais elle contient seulement les racines carrées, et pas les racines cubiques ou plus. De la même manière, un angle est constructible si son cosinus et son sinus sont de longueurs constructibles.

Pour prouver que l'angle $360/17$ degrés est constructible, Gauss fait preuve d'une audace stupéfiante : il résout l'équation $x^{17} = 1$. À cette époque, en 1796, personne ne savait encore si une équation du cinquième degré était résoluble, en utilisant même les racines cubiques, quatrièmes et cinquièmes. Gauss proposait de résoudre une équation du *dix-septième* degré avec moins d'instruments en main. Et il y est parvenu !

Cinq ans plus tard, en 1801, Gauss publia son premier livre, *Disquisitiones arithmeticae*, le premier traité systématique de théorie des nombres. Son théorème sur l'heptadécagone y figurait, ainsi que le résultat plus général

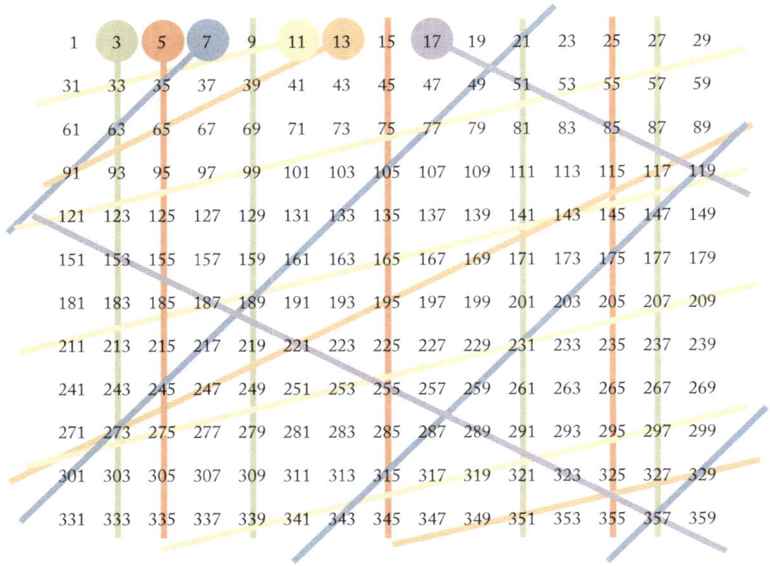

↑ La recherche des nombres premiers par la méthode dite du « crible d'Ératosthène », du nom de ce savant grec (276 av. J.-C. – 194 av. J.-C.).

suivant : un polygone à n côtés est constructible si tous les facteurs premiers impairs de n sont des nombres distincts de la forme $2^{2k} + 1$, pour un certain entier k. On ne connaît aujourd'hui que cinq nombres premiers de ce type : 3 ($2^1 + 1$), 5 ($2^2 + 1$), 17 ($2^4 + 1$), 257 ($2^8 + 1$), et 65 537 ($2^{16} + 1$). Le résultat de Gauss ne brille guère par son aspect pratique : un polygone à 65 537 côtés, dont la construction nécessiterait probablement une vie entière, ne se distinguerait pas d'un cercle à l'œil nu…

Cet exemple donne une idée du rôle central que jouent les nombres premiers en théorie des nombres. Ces nombres présentent la particularité de se multiplier entre eux pour donner tous les autres. En ce sens, ils se montrent tout aussi fondamentaux que la liste des éléments en chimie. S'ils servent à résoudre d'autres problèmes, ils constituent aussi un objet d'étude par eux-mêmes. Et l'un des plus vieux mystères à leur propos est de comprendre leur répartition.

Curieusement, les nombres premiers paraissent disposés au hasard sur la droite numérique. Leur distribution, toutefois, n'est pas uniforme : les plus grands nombres ont moins de chance d'être premiers que les petits, cars ils ont plus de diviseurs possibles. Sur cette base empirique, Gauss conjectura que la « densité » des nombres premiers décroît en proportion du logarithme naturel de n, $\ln(n)$. En d'autres termes, un nombre à 10 chiffres a deux fois moins de chances d'être premier qu'un nombre à cinq chiffres, et cinq fois moins de chance d'être premier qu'un nombre à deux chiffres. On peut se représenter $1/\ln(n)$ comme la « probabilité » que n soit premier, une affirmation pourtant paradoxale dans la mesure où aucune probabilité n'entre en jeu : soit un nombre est premier, soit il ne l'est pas !

La conjecture de Gauss, qui a été prouvée en 1898 et s'appelle désormais le théorème des nombres premiers, sert à estimer de façon très précise la distribution des nombres premiers. Elle prédit par exemple un total de 78 628 nombres premiers inférieurs à un million. Il y en a en réalité 78 498, soit une erreur de moins de 0,2 pour cent. Elle prédit un total de 50 849 235 nombres premiers inférieurs à un milliard. Il y en a en réalité 50 847 534, soit une erreur de moins de 0,0004 pour cent ! J'en suis encore ébahi ! Songeons à quel point il est difficile de déterminer si *un* nombre est premier. Même avec la technologie informatique actuelle, personne ne peut dire si tel nombre à deux cents chiffres est premier ou non. Et pourtant, le théorème des nombres premiers donne une valeur approchée très précise de *tous* les nombres premiers plus petits que lui.

L'HISTOIRE DU THÉORÈME des nombres premiers rappelle à certains égards celle du dernier théorème de Fermat. Gauss le formula un jour, sans aucune indication de preuve, par ce seul énoncé : « Nombres premiers inférieurs à a ≈ $^{a}/_{\ln a}$ ». Vers 1850, le mathématicien russe Pafnouti Tchebychev prouva que la marge d'erreur de cette estimation, pour des nombres n suffisamment grands, n'excédait jamais 11 pour cent. Bien sûr, les exemples que nous avons donnés suggèrent que la formule est en réalité plus précise. Le travail de Tchebychev marquait néanmoins une étape importante, ne serait-ce que parce qu'il utilisait la fonction zêta (dont nous avons parlé dans le chapitre 12) pour compter les nombres premiers.

En 1859, Bernhard Riemann franchit un cap encore plus notable, ce qui explique d'ailleurs que la fonction zêta soit associée à son nom plutôt qu'à celui de Tchebychev. Il découvrit une formule donnant *exactement* le nombre de nombres premiers plus petits que n. Mais, problème de taille, la détermination de ce nombre exige de connaître l'infinité de points du plan où la fonction zêta s'annule. (Ces points sont appelés les « zéros » de la fonction zêta, *cf.* ci-dessous.) Ainsi, une connaissance approximative des zéros de la fonction zêta ne fournit qu'une connaissance approximative du nombre de nombres premiers.

En 1898, Jacques Hadamard et Charles de La Vallée-Poussin, qui travaillaient séparément, ont tous deux prouvé que les zéros (non-triviaux) se situent tous dans une bande infinie, à droite de la ligne $x = 0$ et à gauche de la ligne $x = 1$. Aussi grossière fût-elle, cette évaluation suffisait à prouver le théorème des nombres premiers. Et cette fois Gauss n'était plus là pour ajouter à ses félicitations : « Je le savais depuis cent ans ! »

Mais l'histoire du théorème ne s'arrête pas là. Riemann avait conjecturé un résultat plus précis que celui démontré par Hadamard et La Vallée-Poussin : tous les zéros de la fonction zêta se situent exactement au milieu de la bande infinie (la zone hachurée sur la figure ci-dessous) ! Une preuve de cette conjecture, appelée aujourd'hui « hypothèse de Riemann », permettrait de contrôler plus finement la distribution des nombres premiers.

En 2000, la fondation Clay pour les mathématiques classa l'hypothèse de Riemann parmi les sept « problèmes du millénaire » et offrit un million de dollars à qui la démontrerait. En raison de son caractère très technique, il est difficile de produire des exemples élémentaires de problèmes dont la solution passerait par la validité de l'hypothèse de Riemann. Mais je peux tout de même en donner un…

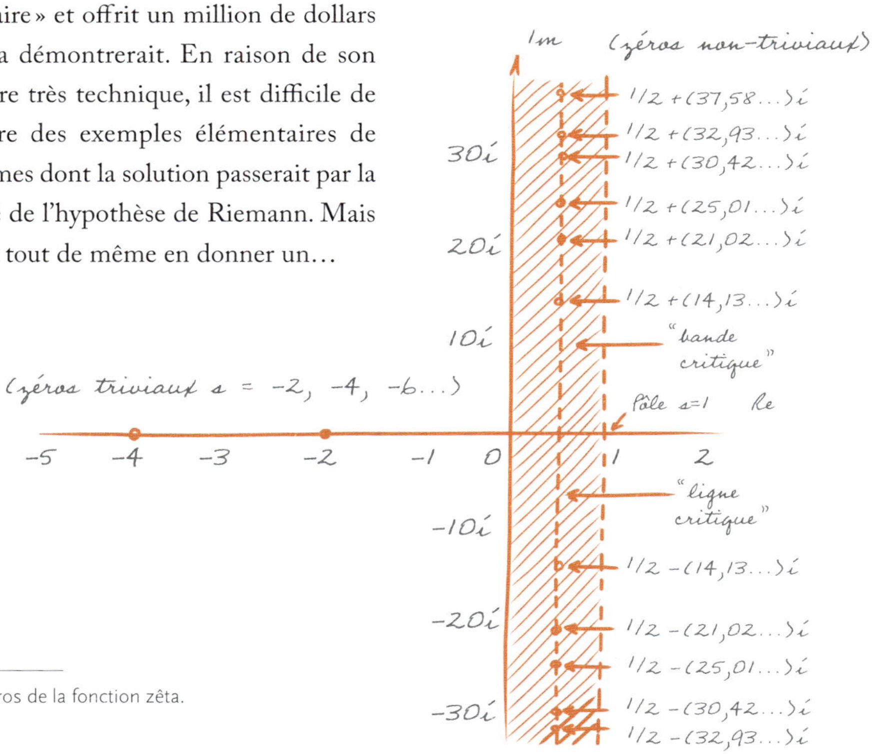

→ Les zéros de la fonction zêta.

À l'école élémentaire, nous avons probablement tous remarqué que le développement décimal de certaines fractions se caractérise par une période plus ou moins longue. Celle de nombres comme $^1/_3$ = 0,333 3… est courte. Celle de $^1/_{37}$ = 0,027 027… aussi. Celle de $^1/_7$ = 0,142 857 142 8…, avec ses six chiffres, est plus longue. Celle de $^1/_{19}$ = 0,052 6… compte dix-huit chiffres.

↑ Carl Friedrich Gauss (1777-1855).

En fait, le développement décimal d'un nombre de la forme $^1/_n$ finit toujours par boucler sur un cycle de $n - 1$ chiffres au plus. Les nombres qui atteignent la limite des $n - 1$ chiffres sont toujours premiers, comme 7 ou 19. Mais tous les nombres premiers ne présentent pas une périodicité maximale. La période de $^1/_{37}$, par exemple, ne compte que 3 chiffres, ce qui est très loin de la borne des 36 chiffres. On ne connaît aucune formule pour distinguer les nombres premiers à périodicité maximale des autres. Le jour où l'hypothèse de Riemann se verra confirmée, nous saurons du même coup, ainsi que l'a établi Christopher Hooley en 1967, qu'ils forment 37,4 pour cent du total. Tel est le genre d'information incroyablement précise que les théoriciens des nombres parviennent à tirer de l'hypothèse de Riemann.

Que penser de la validité de l'hypothèse de Riemann ? Les milliers de milliards de zéros (non-triviaux) de la fonction de Riemann actuellement connus se situent exactement au milieu de la bande critique, exactement comme Riemann l'avait conjecturé. Tout scientifique non mathématicien raisonnable jugerait le problème réglé depuis longtemps. Mais en ce genre d'affaires, les mathématiciens ne se montrent pas raisonnables du tout !

17
Histoires de spectres
Séries de Fourier

Les histoires que j'ai racontées dans cette partie n'ont guère présenté les mathématiciens français sous un jour favorable. Nous avons vu comment l'Académie des sciences avait égaré le mémoire d'Abel sur les fonctions elliptiques, avant de rejeter les travaux révolutionnaires de Galois en théorie des groupes. D'autre part, les percées les plus inattendues de la première moitié du XIXe siècle ont souvent été effectuées par des mathématiciens œuvrant hors de France – Hamilton en Irlande, Abel en Norvège, Bolyai en Hongrie, Lobatchevski en Russie, et, bien sûr, Gauss en Allemagne. Il n'en demeure pas moins que le centre névralgique des mathématiques se situait alors à Paris. Tout étudiant en mathématiques rencontre aujourd'hui une ribambelle de patronymes français représentatifs de cette période : Lagrange, Laplace, Legendre, Cauchy, Liouville, Poisson, Fourier…

Il est d'ailleurs tout à fait remarquable que le haut niveau de l'école mathématique française ait survécu aux intenses turbulences politiques qui ont agité le pays : la Révolution, la Terreur, la montée de Napoléon, son exil et son retour, la restauration de la monarchie, l'abdication de Charles X, le règne de Louis-Philippe, puis la Seconde République et le Second Empire. Si les mathématiciens à titre individuel ont connu des fortunes diverses en fonction des événements et de leurs choix politiques, les mathématiques

$$\hat{f}(n) = \frac{1}{2\pi} \int_{-\pi}^{\pi} f(x) e^{inx} dx$$

$$f(x) = \sum_{n=-\infty}^{\infty} \hat{f}(n) e^{inx}$$

Grâce à « *f*-chapeau », une fonction *f* se décompose en une « série de Fourier », c'est-à-dire un spectre d'ondes sinusoïdales et cosinusoïdales de différentes fréquences. La seconde formule montre comment reconstruire la fonction originale à partir de son spectre. En un sens, elle affirme que *f*-chapeau-chapeau est égal à *f*.

françaises dans leur ensemble n'ont cessé de progresser. Ce phénomène s'explique peut-être par une mobilité sociale plus importante, un accès plus facile à l'éducation et aux opportunités professionnelles.

JOSEPH FOURIER, fils de tailleur et orphelin à l'âge de neuf ans, illustre parfaitement cette tendance. Élevé dans un couvent puis dans une école militaire, il participa à la Révolution tout en survivant, malgré deux arrestations, aux ravages de la Terreur. Il a connu les meilleures structures éducatives françaises, l'École normale supérieure, où il fut étudiant, et l'École polytechnique, où il fut professeur.

En 1798, Napoléon Bonaparte se lança dans une grande campagne militaire en Égypte, dans l'intention d'ajouter une nouvelle colonie à la France. Napoléon partit avec une armée de 40 000 soldats, à laquelle se joignirent 167 savants chargés d'étudier l'Égypte et sa culture[11]. Fourier était du nombre.

---

[11] Malgré certains défauts, Napoléon appréciait et soutenait les sciences. Un petit théorème de géométrie euclidienne porte même son nom, bien qu'on ne sache avec certitude s'il en est vraiment l'auteur.

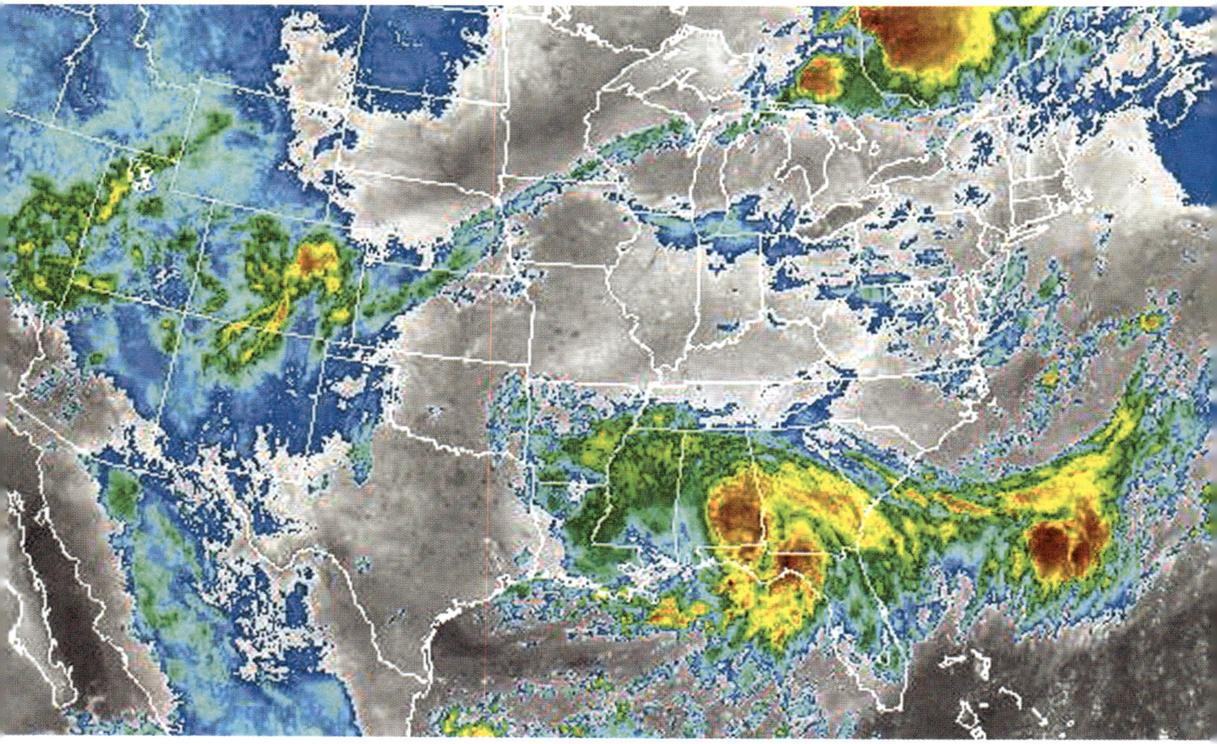

↑ La prévision météorologique, l'un des multiples domaines d'application de l'équation de la chaleur.

C'est à cette occasion, apparemment, que Fourier rencontra le futur empereur pour la première fois. La campagne militaire tourna au fiasco – la marine britannique coula une grande partie de la flotte française pendant qu'elle stationnait après le débarquement –, mais Fourier avait visiblement fait bonne impression. Peu après son retour en France, en 1801, Napoléon nomma Fourier préfet de l'Isère, un département proche de la frontière italienne. À choisir, Fourier aurait sans doute préféré rester à Paris et à l'École polytechnique, mais il put au moins montrer ses capacités de serviteur de l'État. La défaite de Waterloo, en 1815, sonna le glas de sa carrière politique, tout en bénéficiant à sa carrière scientifique. Il retourna vivre à Paris, où il devint secrétaire de l'Académie des sciences en 1822, et où il mourut en 1830.

Comme Abel et Galois avant lui, Fourier a dû batailler ferme pour faire reconnaître ses travaux les plus importants. En 1802, il se lança dans une série d'expériences sur la diffusion de la chaleur dans différents matériaux. Il commença par des cas très simples – d'abord une barre, ensuite un anneau – qui présentaient l'avantage de se traiter comme des problèmes unidimensionnels. Parallèlement à la voie empirique, il établit d'abord une équation, dite de la chaleur, qui rend compte de la conduction thermique dans l'objet envisagé, puis élabora une méthode, dite de décomposition en série de Fourier, pour résoudre cette équation.

L'ÉQUATION DE LA CHALEUR relie la distribution de température courante à la température future. En gros, elle dit que la chaleur se répand vers les parties plus froides et s'écarte des parties plus chaudes. Comme toujours lorsqu'il s'agit de changement, elle s'exprime dans le langage du calcul différentiel. Mais deux types de variations entrent ici en jeu : une variation temporelle de la température, notée du/dt dans la formule ci-dessous, qui est déterminée par les variations spatiales de cette température, notées d^2u/dx^2, qui rendent compte de la différence entre la température au point x et la température en deux points situés à égale distance à sa droite et à sa gauche. L'équation s'écrit ainsi :

$$\frac{\partial u}{\partial t} = k\frac{\partial^2 u}{\partial x^2}$$

Il s'agit d'une équation « aux dérivées partielles ». Le qualificatif de « partiel » se rapporte au fait que chaque terme représente « partiellement » la variation de la température (l'un en temps, l'autre en espace). Les équations aux dérivées partielles modélisent toutes sortes de processus physiques, de la conduction de la chaleur à l'écoulement des fluides ou à la propagation des champs électriques et magnétiques. Chaque bulletin météo affiche la solution de plusieurs équations aux dérivées partielles qui décrivent le flux de chaleur, le mouvement de l'air et de l'eau dans l'atmosphère.

Le travail de Fourier illustre à merveille la procédure en deux étapes que suit une application des mathématiques aux problèmes du monde réel. D'abord vient la modélisation du problème, c'est-à-dire la traduction des hypothèses et des observations en langage mathématique. La modélisation du flux thermique de Fourier est élégante, convaincante et générale. Et l'équation de la chaleur tridimensionnelle s'applique au contenu d'une tasse de café aussi bien qu'au cœur d'une étoile ou au réchauffement climatique global.

Après la modélisation vient l'étape de résolution. On pourrait imaginer qu'il s'agisse là de la partie du travail la moins sujette à débat – une solution est juste ou non –, mais c'est pourtant à ce stade que le travail de Fourier déclencha une controverse.

Pour trouver une solution à son équation, le savant français employa une méthode éprouvée : il la devina ! Plus exactement, du fait que la température u de la barre dépende à la fois de l'espace x et du temps t, il a présupposé que la solution s'écrivait comme un produit de deux fonctions, l'une dépendant uniquement du temps et l'autre uniquement de l'espace. Et ça a marché ! Sa solution se présentait comme le produit d'une onde sinusoïdale en espace et d'une fonction exponentiellement décroissante en temps. Plus précisément, la température d'une barre métallique, initialement distribuée selon une onde sinusoïdale, baisse à un taux proportionnel au carré de la longueur d'onde de ladite sinusoïdale.

Mais en partant d'une distribution de température non sinusoïdale ? Dans l'une de ses expériences, par exemple, Fourier exposait uniquement l'une des extrémités de la barre à la source de chaleur, ce qui donne lieu à une

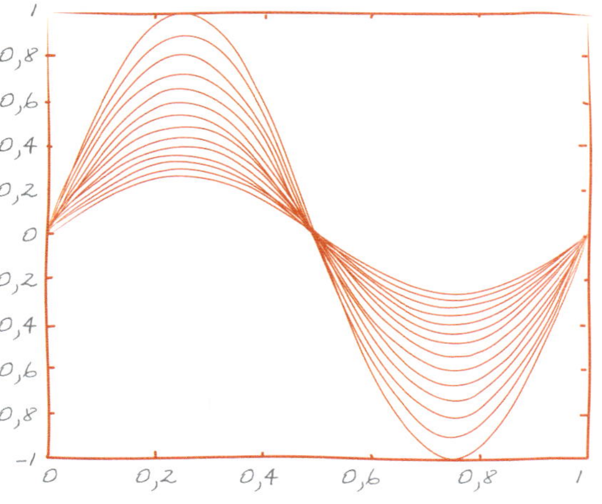

↑ Fourier résout l'équation de la chaleur par des ondes sinusoïdales dont les amplitudes décroissent avec le temps.

distribution de température particulière : la moitié de la barre est chaude, l'autre moitié froide. En leur jargon, les physiciens parleraient d'une onde ou d'un signal « carré ». Fourier affirmait que *toute* distribution de température pouvait se décomposer en une somme, éventuellement infinie, d'ondes sinusoïdales – aujourd'hui appelée série de Fourier.

De nos jours, avec les ordinateurs, on visualise sans peine l'approximation d'une fonction arbitraire par une série trigonométrique. Il est facile, en particulier, de montrer comment un signal carré émerge d'une succession d'oscillations. Mais les collègues de Fourier, et en particulier Joseph-Louis Lagrange, son ancien professeur, trouvaient ce point précis particulièrement difficile à avaler. Il impliquait de fait de revoir complètement la notion de fonction.

LES FONCTIONS ÉTAIENT CONSIDÉRÉES depuis l'époque d'Euler comme des formules, c'est-à-dire des combinaisons finies de fonctions (polynômes, exponentielles, fonctions trigonométriques, etc.) ou des séries de puissances, essentiellement des « polynômes infinis ». Mais les séries de Fourier débordaient largement de cette classe. Elles pouvaient représenter des fonctions avec des sauts et des coins, un comportement qui ne s'exprime pas avec des formules arithmétiques simples. Le travail de Fourier

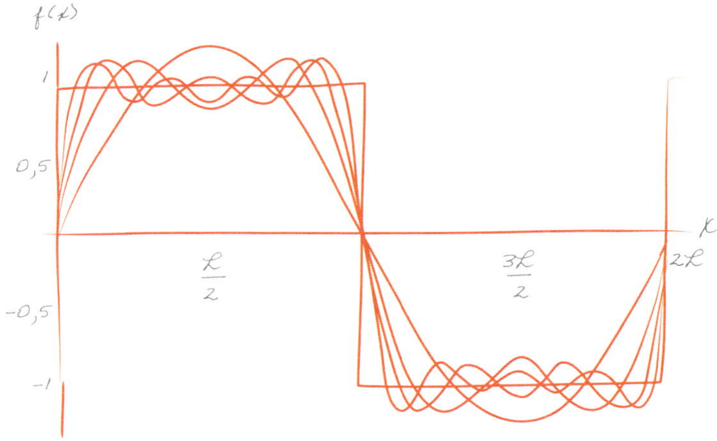

↑ Le graphe d'un signal carré et son approximation par une série finie d'ondes sinusoïdales. Le signal carré se laisse approcher aussi précisément que désiré.

marqua le début d'un élargissement de la notion de fonction, l'entrée en vigueur du modèle que nous utilisons aujourd'hui, la donnée d'une règle qui associe une unique valeur de sortie à une valeur d'entrée. Les entrées et les sorties ne sont pas nécessairement des nombres réels, et la règle ne s'exprime pas nécessairement par une formule. Dans la partie 1, j'ai indiqué un peu cavalièrement que les mathématiciens ne s'intéressaient pas jadis aux phénomènes comme les battements de cœur ou le cours des actions. Il serait plus exact de dire qu'il ne leur serait jamais venu à l'esprit de les représenter comme des fonctions mathématiques. De ce point de vue, les travaux de Fourier ouvrirent la porte des mathématiques à une vaste gamme de processus physiques et expérimentaux, et notamment ceux qui présentent des sauts et des discontinuités.

↑ Joseph Fourier (1768-1830).

Les objections de Lagrange, toutefois, ne manquaient pas de pertinence. Fourier prétendait pouvoir décomposer toute fonction f en une somme d'ondes sinusoïdales, chacune avec une fréquence différente n. Le « poids » de chaque fréquence est donné par une fonction $\hat{f}(n)$ ou « f-chapeau ». Fourier avançait qu'il est possible de reconstruire la fonction originale f à partir de f-chapeau. Selon sa formule d'inversion, f-chapeau-chapeau est égal à f. Mais Fourier ne la prouvait pas dans les règles de l'art. En fait, elle n'est pas valable pour des fonctions présentant des discontinuités. Quelles fonctions vérifient la formule d'inversion ? La réponse ne coule pas de source… Ce problème stimula en grande partie l'élaboration ultérieure, aux XIXe et XXe siècles, de la théorie des fonctions, dite encore « analyse fonctionnelle ».

LE CHAMP D'ACTION des séries de Fourier (et de l'opération « chapeau », techniquement baptisée transformée de Fourier) dépasse largement la seule équation de la chaleur. Les transformées de Fourier permettent de décomposer tout signal temporel en un *spectre* de longueurs d'ondes. Les astronomes utilisent ce principe pour déterminer la composition moléculaire des étoiles lointaines. En musique, la simulation par un synthétiseur du son d'un violon ou d'une flute, ou la création d'un son jamais entendu auparavant, repose sur les séries de Fourier. Il s'agit essentiellement de retoucher *f*-chapeau pour produire une fonction *f* qui (on l'espère) sonne mieux. Nous sommes environnés de séries et de transformées de Fourier, même si nous n'en avons pas toujours conscience...

Quant à Fourier, il lui a fallu patienter longtemps avant de voir ses travaux publiés. Le mémoire qu'il présenta en 1807 à l'Institut de France fut rejeté en raison des objections de Lagrange. (Un autre académicien, Jean-François Biot, s'est aussi plaint de ce que Fourier ne le citait pas.) Fourier concourut et gagna un prix en 1811 avec une version révisée de son travail, mais Lagrange le jugea encore impropre à la publication. En 1822, avec la mort de Lagrange et l'installation de Fourier au secrétariat de l'Académie, la *Théorie analytique de la chaleur* vit enfin le jour... et se classa parmi les traités mathématiques les plus lus du XIXe siècle, pas moins.

18
Et la lumière fut
Les équations de Maxwell

Dans le temps même où les mathématiques vivaient une révolution en algèbre, en géométrie et en théorie des fonctions, la physique faisait la sienne. Au commencement du XIXe siècle, la mécanique et la théorie de la gravitation se portaient à merveille. Newton avait expliqué comment les planètes tournaient autour du Soleil. Euler, Laplace et d'autres, par l'étude des interactions entre corps célestes, avaient éclairci des questions comme la précession des équinoxes ou les lentes variations dans l'orbite de Jupiter et de Saturne. Les lois de Newton décrivaient la réaction des solides aux forces mécaniques qu'ils subissaient, de même que les équations de l'hydrodynamique d'Euler pour les fluides.

Trois grands sujets conservaient pourtant leur part de mystère : l'électricité, le magnétisme et la nature de la lumière. En 1800, rien ne laissait présager que ces domaines puissent être liés entre eux. En 1865, une théorie les unifiait. Des champs magnétiques sont produits par des courants électriques. Des champs électriques sont produits par des variations de champs magnétiques. Et la lumière est une onde électromagnétique – des champs électriques et magnétiques en vibration qui se mêlent et s'enchevêtrent comme autant de fils d'un bout de tapisserie.

$$\nabla \cdot \vec{\mathcal{E}} = 0$$

$$\nabla \cdot \vec{\mathcal{B}} = 0$$

$$\nabla \times \vec{\mathcal{E}} = -\frac{\partial \vec{\mathcal{B}}}{\partial t}$$

$$\nabla \times \vec{\mathcal{B}} = \frac{1}{c^2} \frac{\partial \vec{\mathcal{E}}}{\partial t}$$

Les vecteurs $\vec{\mathcal{E}}$ et $\vec{\mathcal{B}}$ désignent respectivement le champ électrique et le champ magnétique dans un espace vide, sans charge ni courant électrique. La constante c désigne la vitesse de la lumière. La divergence ∇ mesure la tendance des lignes de champs à s'écarter les unes des autres. Ces équations indiquent qu'en l'absence de charges électriques, ni le champ électrique ni le champ magnétique ne présentent de source ou de puits.

Avant de parvenir à ces conclusions, les physiciens ont dû assimiler nombre de découvertes expérimentales stupéfiantes, puis élaborer un nouveau type de physique, une physique qui ne s'appliquait pas à des solides comme les roues, les barres, les poulies ou les leviers – tous les objets de la mécanique – mais à des concepts plus intangibles, comme les champs électriques ou magnétiques. Ainsi privés du sens commun et de l'expérience sensible, il leur fallut recourir aux mathématiques comme jamais auparavant. En l'absence d'autres repères, elles seules pouvaient encore les guider.

LE PROBLÈME DE LA NATURE de la lumière a été sérieusement débattu dès le XVIIe siècle. D'un côté, Isaac Newton prétendait qu'elle était constituée de petits corpuscules ; de l'autre, Robert Hooke lui prêtait un caractère ondulatoire. En raison du prestige de Newton, la seconde théorie fut jetée aux oubliettes pendant une centaine d'années environ. Mais au début du XIXe siècle, plusieurs découvertes expérimentales ranimèrent le débat. En 1801, Thomas Young découvrit le phénomène d'interférence lumineuse : un faisceau de lumière qui passe à travers deux fentes parallèles ne produit pas deux petites bandes lumineuses, mais une alternance de bandes sombres et

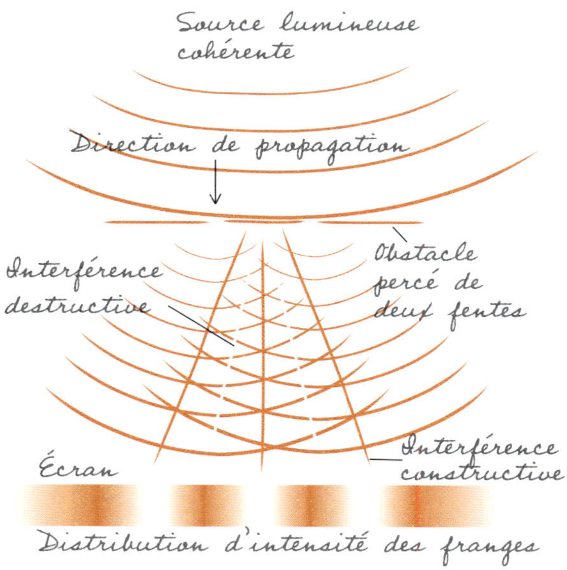

← L'expérience des doubles fentes de Young.

claires, la plus brillante se situant au milieu. Cette observation s'explique aisément si la lumière présente un caractère ondulatoire, mais pas du tout dans un contexte corpusculaire.

Francesco Grimaldi avait aussi, dès 1665, observé que la lumière semble être déviée à l'approche d'un obstacle, un phénomène qu'il avait baptisé diffraction. Cette propriété, là encore, s'accordait mal avec les lois de Newton – les particules en mouvement soumises à aucune force sont censées se déplacer en ligne droite. La réfraction, c'est-à-dire la déviation de la lumière au travers d'un prisme, par exemple, se comprenait également mieux dans le cadre ondulatoire. De fait, en 1818, Augustin Fresnel parvint à rendre compte des trois phénomènes – interférence, diffraction et réfraction – en supposant que la lumière se comporte comme des ondes transversales[12].

Dans les années 1820 en France et 1830 en Angleterre (ralentie par son attachement à Newton), la théorie ondulatoire reprit donc l'avantage. Mais si la lumière se comportait comme une onde, quel était le milieu de propagation ? Certainement pas l'air ni aucun autre fluide, car les ondes transversales ne s'y forment pas – elles nécessitent en effet un milieu élastique, capable de se remettre en place après avoir été déformé. Les physiciens, dans leur grande majorité, supposaient que la lumière se propageait dans un « éther lumineux », mais tous les efforts pour le détecter demeuraient vains.

[12] Une onde transversale se propage perpendiculairement au mouvement local des particules du milieu. La célèbre « hola » (parfois aussi appelée « vague mexicaine ») qui parcourt le public lors de compétitions sportives est un exemple typique d'onde transversale : les particules individuelles (i.e. les supporters) montent et descendent alors que l'onde fait le tour du stade.

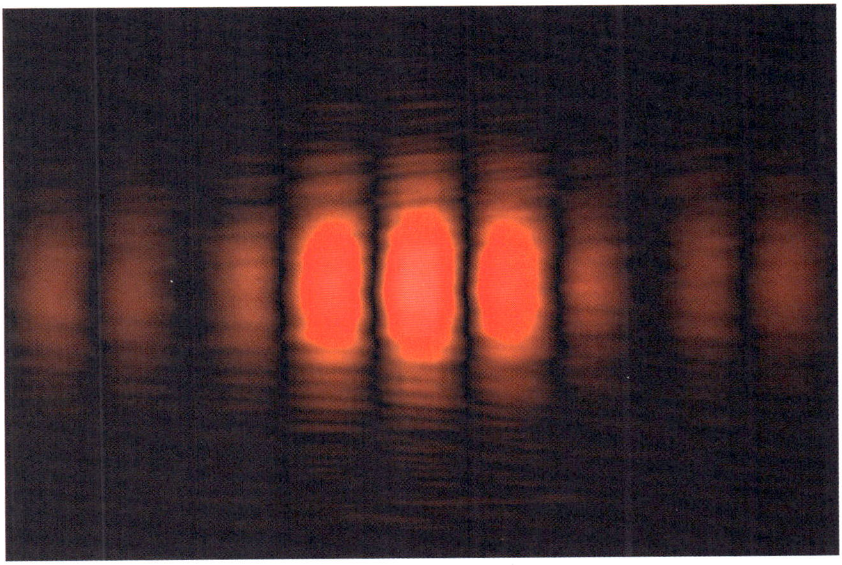

↑ Franges d'interférences produites par un laser hélium-néon rouge (de longueur d'onde 632,8 nm). Le faisceau cohérent passe à travers deux fentes, très légèrement espacées, de 25 micromètres de large.

Parallèlement, les mystères de l'électricité s'épaississaient. Grâce à la pile, inventée en 1799 par le comte Alessandro Volta, les physiciens disposaient d'un courant électrique stable pour procéder à leurs expériences. En 1820, Hans Christian Ørsted, en préparant un cours, remarqua que le passage du courant électrique dans un fil faisait dévier l'aiguille d'une boussole proche. Tel fut le premier indice du lien qui unissait l'électricité au magnétisme. En 1831, Michael Faraday découvrit l'induction électromagnétique : la variation d'un courant électrique dans une bobine, ou le déplacement d'un aimant, induit un courant électrique temporaire dans une autre bobine. Il s'agissait du phénomène inverse à celui remarqué par Ørsted. Le magnétisme, pourvu qu'il variât, induisait de l'électricité.

C'EST JAMES CLERK MAXWELL qui parvint à réunir ces déroutants indices en une magnifique théorie. L'exemple de ce physicien écossais montre que les grandes découvertes ne produisent pas toujours – comme celle des quaternions par Hamilton – en un éclair de génie. Maxwell travailla

N
S

sur l'électromagnétisme pendant de longues années avant de produire le jeu d'équations qui porte désormais son nom.

En 1855, Maxwell commença par considérer attentivement la description que Faraday avait faite des « lignes de forces » qui s'observent en parsemant de la limaille de fer à proximité d'un aimant. Faraday pensait que ces lignes existaient indépendamment de la limaille qui les révélait. Maxwell donna à cette collection de courbes invisibles le nom de champ magnétique. Il postula également qu'un champ électrique portait les forces électriques.

Accoutumés que nous sommes aujourd'hui à l'idée de vivre environnés de champs électriques et magnétiques, nous peinons à imaginer la radicalité de cette idée nouvelle dans les années 1850. Qu'est-ce qu'un champ électrique ? On ne peut le voir. On ne peut le toucher. Comment sait-on qu'il est là ?

La théorie des champs de Maxwell a également souffert du legs de Newton – encore lui. Selon la théorie de la gravitation universelle, les planètes s'attirent à distance avec une force proportionnelle à l'inverse du carré de leur distance mutuelle. Pendant un certain temps, il avait semblé que l'électricité et le magnétisme se comportaient de manière analogue. Les physiciens souscrivaient à l'idée d'« action à distance » comme à un dogme. Mais Faraday et Maxwell remettaient leur foi en question. Pour eux, la force entre deux charges, ou entre deux aimants, résultait du champ qui les séparait. Dans l'univers de Newton, le vide est vide. Mais dans l'univers de Maxwell, il vrombissait de potentiels électriques et magnétiques.

← Visualisation par de la limaille de fer des lignes du champ magnétique produit par deux barres aimantées.

Six ans après son premier article, Maxwell ajouta une nouvelle touche à son œuvre. Il décrivit l'électricité comme une force élastique dans le milieu qui abritait les champs électriques et magnétiques. On remarquera qu'il n'avait pas encore abandonné la vision mécaniste. Ce deuxième travail présente un modèle extrêmement compliqué, avec des tourbillons pour incarner les champs magnétiques et des espèces de pignons d'engrenages tournant en sens inverses pour incarner les champs électriques – toute une machinerie baroque qui sera écartée dans son troisième article.

Les forces élastiques, nous l'avons vu, ouvrent la porte à l'existence des ondes transversales. Mieux : la vitesse de propagation d'une onde dans un milieu élastique s'exprime très simplement. En raisonnant par analogie, Maxwell fut conduit à une formule exprimant la vitesse d'une onde électromagnétique. Comme il passait alors l'été dans ses terres d'Écosse, il lui manquait certains paramètres physiques pour mener le calcul à son terme. Mais dès son retour au King's College à Londres, en automne 1861, il détermina que cette vitesse valait 310 740 000 mètres par seconde. Or le physicien français Armand Fizeau avait récemment mesuré la vitesse de la lumière à 314 850 000 mètres par seconde ! Que les deux valeurs soient aussi proches ne pouvait relever du hasard. Aussi conclut-il son article annonçant ses résultats par cette phrase tonitruante, soulignée par lui : « *Nous ne pouvons guère éviter d'en déduire que la lumière est constituée par des ondulations transversales du même milieu que celui qui est la cause des phénomènes électriques et magnétiques.* »

MAXWELL N'EN RESTA PAS LÀ. Après avoir usé d'une analogie mécaniste pour découvrir que les ondes lumineuses étaient des ondes électromagnétiques, il comprit qu'il pouvait se passer des tourbillons et des engrenages antihoraires, et parvenir au même résultat par la voie des seules mathématiques. Dans son troisième article, publié en 1865, il avait réduit son modèle à un ensemble de quatre équations aux dérivées partielles reliant le champ électrique (***E***) au champ magnétique (***B***) en tout point du vide.

Ces quatre équations ne constituent pas à elles seules une théorie complète de l'électromagnétisme. Il leur manque, en particulier, toute l'information sur la façon dont les particules matérielles, telles que les charges électriques ou les aimants, réagissent aux champs ***E*** et ***B***. Si l'on veut, les équations de Maxwell représentent l'état de l'univers après que Dieu eut dit « Que la lumière soit ! » mais avant qu'il n'ait créé quoi que ce soit d'autre. Pour y intégrer le monde matériel, Maxwell ajouta des termes (représentant la densité de charge et la densité du courant) et des équations supplémentaires.

La plupart des équations de Maxwell ne sont d'ailleurs pas de son fait. Individuellement, elles se nomment loi de Gauss, loi de Faraday et loi d'Ampère. Il apporta simplement un terme correctif à la loi d'Ampère pour prendre en compte les courants électriques. Reste qu'il a compris le système que pouvaient former ces équations et surtout le caractère fondamental des *champs* magnétiques et électriques – sans même parler de la vitesse de la lumière, la seule constante expérimentale qui se trouve dans ses équations.

Plus haut dans ce livre, nous avions vu que les lecteurs du *Mathematical Intelligencer* avaient élevé $e^{i\pi} + 1 = 0$ au rang de plus belle équation de tous les temps. Que les lecteurs de *Physics World* aient classé de leur côté les équations de Maxwell à la première place ne surprendra pas : elles sont si simples, tellement symétriques ; elles ont été si durement conquises ; elles expliquent tant…

Et pourtant, comme d'autres découvertes révolutionnaires décrites dans cette partie, ces équations n'ont guère fait impression en leur temps. Les contemporains de Maxwell ne savaient tout simplement pas quoi en faire. William Thomson, alias Lord Kelvin, affirmait par exemple en 1884 : « Tant que je ne puis faire un modèle mécanique, je ne comprends pas ; et c'est pourquoi je ne comprends pas la théorie électromagnétique de la lumière. » (Ce même Lord Kelvin qui ne comprenait pas les quaternions !)

Mais avec le temps, la valeur des équations de Maxwell se manifesta. Elles prédisaient l'existence d'ondes électromagnétiques de différentes fréquences – comme celles que nous appelons aujourd'hui micro-ondes, infrarouge, ultraviolet et rayons X. Elles prédisaient que de telles ondes pouvaient être créées par des champs électriques oscillants. En 1901, un certain Guglielmo Marconi exploita ce principe pour transmettre les premières ondes radio. De ces équations se déduit aussi le fait que la lumière puisse exercer une pression. Les chercheurs découvrirent effectivement au XXe siècle le « vent solaire », ce qui a résolu le grand mystère de savoir pourquoi la queue des comètes pointe toujours du côté opposé au Soleil. Et en 1905, comme nous le verrons dans la partie suivante, elles conduisirent Albert Einstein à découvrir la relativité.

PARTIE QUATRE

Les équations de notre temps

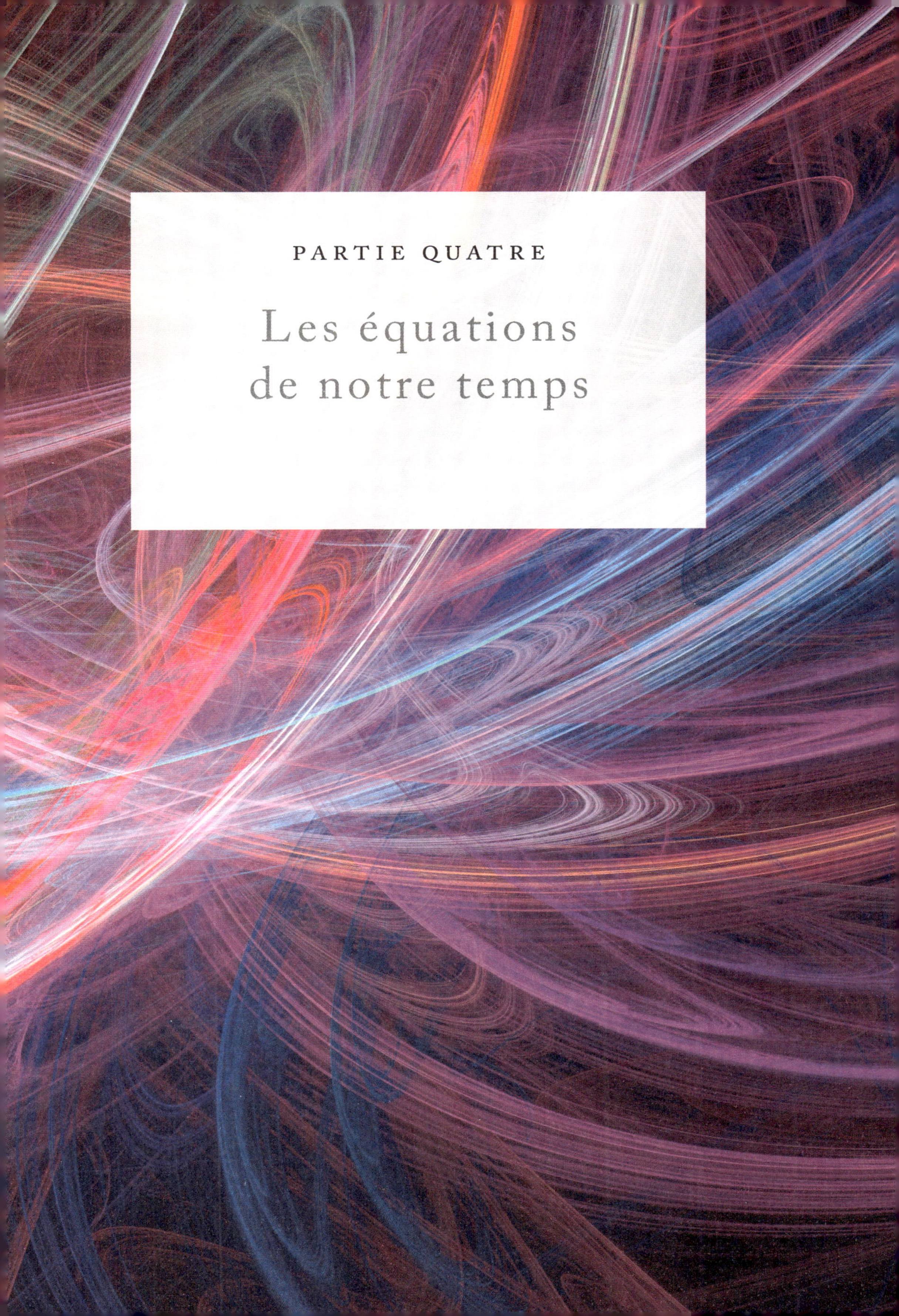

Nul scientifique n'est plus emblématique du XXe siècle qu'Albert Einstein. Qu'il tire la langue à la façon d'un enfant espiègle ou qu'il observe l'objectif d'un air las de vieux prophète, ses cheveux en bataille et son indifférence aux normes sociales symbolisent la science auprès d'un large public. La recherche a trouvé en lui sa première star.

À bien des égards, la science ne pouvait rêver meilleur ambassadeur. Einstein n'a pas volé sa renommée. Ses travaux ont bouleversé les conceptions admises par les physiciens non pas une, mais plusieurs fois. Il a compris la nature quantique du monde ; il a reconnu l'équivalence entre la matière et l'énergie ; il a élaboré la théorie de la relativité. Et il a aussi transcendé les bornes de la science. En ardent militant de la cause pacifiste, d'abord, jusqu'à ce que la montée du nazisme lui rende intenable une position aussi franche. Durant la Seconde Guerre mondiale, il a alors signalé au président Franklin Roosevelt la possibilité de fabriquer une bombe atomique, ce qui a ouvert la voie au projet Manhattan, dont les résultats, comme on sait, ont profondément et durablement modifié l'équilibre des pouvoirs mondiaux.

Les découvertes d'Einstein doivent autant à sa personnalité et au contexte de son temps qu'à son intelligence. L'homme aimait par nature interroger l'autorité. Quand les autres physiciens hésitaient à rejeter des siècles de tradition, lui s'en fichait – ou plutôt s'en réjouissait. Einstein a aussi eu la chance de vivre à une époque où les physiciens disposaient de trois théories solides et bien comprises – la mécanique, l'électromagnétisme et la thermodynamique –, mais qui se contredisaient de manière assez subtile. Et alors que ses collègues détournaient les yeux, Einstein osa regarder cette imperfection en face et montra comment s'en affranchir.

Curieusement, au début de sa carrière, Einstein n'affichait pas un goût prononcé pour les mathématiques. L'un de ses professeurs, Hermann Minkowski, livra cette confidence : « Durant ses années d'étudiant, Einstein se comportait en chien paresseux. Il ne s'est jamais soucié de mathématiques. » Mais l'attitude d'Einstein a évolué avec le temps. Jamais il n'aurait pu formuler la théorie de la relativité générale sans une profonde compréhension de la géométrie non-euclidienne. En 1912, il avait ainsi reconsidéré sa position : « J'ai acquis un grand respect pour les mathématiques, alors qu'auparavant, dans mon ignorance, j'avais tendance à considérer ses parties les plus subtiles comme un luxe inutile ! »

Les convertis font parfois de bons missionnaires. Einstein a certainement contribué au prestige des mathématiques. Il ne paraît donc pas absurde d'ouvrir avec lui notre histoire des équations du XXe siècle...

19
L'effet photoélectrique
Les quanta et la relativité

La plus grande révolution de la physique du XXe siècle partit d'une observation en apparence insignifiante : en 1887, le physicien allemand Heinrich Hertz remarqua que des étincelles entre deux électrodes métalliques jaillissaient plus facilement à la lumière (en l'occurrence un rayonnement ultraviolet) que dans l'obscurité.

En 1902, un autre physicien allemand, Philipp Lenard, montra qu'éclairer un métal le faisait émettre ce qu'on appelait alors des « rayons cathodiques », plus tard identifiés comme des électrons. Dotés d'une énergie suffisante, ces électrons formaient les étincelles observées par Hertz. Une telle production d'électricité à partir de la lumière prit le nom d'effet photoélectrique. En variant l'intensité et la fréquence (c'est-à-dire la couleur) de la lumière, Lenard découvrit certaines caractéristiques étranges du phénomène : il ne se déclenche jamais sous une lumière rouge, par exemple ; et quand il a lieu, l'énergie des électrons émis n'augmente pas avec l'intensité – seulement avec la fréquence.

En 1905, Albert Einstein, qui exerçait à 26 ans la profession d'examinateur de brevets, à Berne, en Suisse, expliqua de manière révolutionnaire la découverte de Lenard en supposant que la lumière se comportait « comme un milieu discontinu constitué de quanta d'énergie ». Ces « quanta d'énergie »

$$\mathcal{E} = mc^2$$

Ici $\mathcal{E}$ désigne l'énergie d'un corps, m sa masse au repos et c = 299 792 458 m/s la vitesse de la lumière. Par cette équation, Einstein affirme que la matière est une forme d'énergie.

sont aujourd'hui appelés photons. Einstein prétendait que chaque photon contenait une certaine quantité caractéristique d'énergie, proportionnelle à la fréquence ν de la lumière : $E = h\nu$.

Du fait de cette nature quantique de la lumière, l'absorption d'un photon est un événement binaire, qui se produit ou ne se produit pas. Quand il heurte la surface d'un métal, un photon n'est pas à moitié absorbé et à moitié réfléchi (à la manière d'une onde ordinaire). Et s'il est absorbé, toute son énergie est transmise à la cible. Quand cette énergie dépasse l'énergie de liaison (P) qui retient les électrons à la surface métallique, alors un électron d'énergie caractéristique $h\nu - P$ est éjecté.

C'est cette hypothèse des quanta de lumière qui explique pourquoi la lumière rouge ne provoque aucun effet photoélectrique. Sa fréquence ν est plus basse que celle du bleu, du vert ou de l'ultraviolet, de sorte que les photons ne possèdent pas l'énergie suffisante à l'expulsion d'un électron. (En d'autres termes, $h\nu < P$.) Et augmenter l'intensité du rayonnement tout en conservant sa fréquence, c'est simplement augmenter le nombre de photons, pas leur énergie caractéristique.

Ce comportement étrange des photons a des conséquences bien réelles à notre échelle. Ces dernières années, par exemple, un débat sur un lien éventuel entre l'usage du téléphone portable et le cancer a émergé. Tenir un téléphone près de l'oreille augmente l'intensité du rayonnement auquel nous sommes exposés. Le bon sens voudrait donc que cette habitude puisse augmenter le risque de dégradation de nos cellules. Mais l'hypothèse ne tient pas. Un rayonnement attaque en effet un tissu biologique en éjectant les électrons des atomes qu'il percute, ce qui rend ces atomes plus réactifs. Là encore, c'est la fréquence du rayonnement qui importe, pas son intensité. Or l'infrarouge émis par un téléphone mobile est encore moins énergétique que la lumière rouge, et reste donc en deçà du seuil nécessaire à l'expulsion de l'atome d'un métal. Et nous ne sommes pas métalliques ! Les électrons sont plus solidement liés aux atomes de notre corps que dans les métaux. Pour toutes ces raisons, le rayonnement infrarouge est inoffensif – il n'est pas ionisant –, de même que la lumière rouge, verte ou bleue. Autrement, il nous faudrait vivre dans des cavernes, et éviter de nous exposer au vert de l'herbe ou au bleu du ciel. Le risque de cancer se manifeste à des rayonnements de plus haute fréquence, comme l'ultraviolet ou les rayons X. Quand la fréquence devient suffisante pour ioniser les atomes de notre corps, alors l'intensité du rayonnement commence à importer – mais pas avant.

→ Le champignon produit par *Little Boy* au-dessus de Hiroshima illustre dramatiquement l'équivalence entre masse et énergie.

POUR LES PHYSICIENS du temps d'Einstein, l'hypothèse des quanta de lumière allait à l'encontre non seulement du bon sens mais aussi de la théorie communément admise. La question sur la nature corpusculaire ou ondulatoire de la lumière semblait en effet close : les équations de Maxwell montraient que la lumière était une onde électromagnétique.

Einstein rouvrait donc le débat, et les physiciens les plus âgés ne réagirent pas de façon très positive. En 1913, Max Planck écrivit que « [Einstein a] occasionnellement pu dépasser les bornes, comme avec son hypothèse des quanta de lumière ». En 1916, pour Robert Millikan, l'hypothèse « pouvait paraître hardie ». Les expériences de ce même Millikan prouvèrent cependant sa justesse, et, six ans plus tard, en 1922, Einstein obtint le prix Nobel pour son explication de l'effet photoélectrique.

De fait, l'équation $E = h\nu$ dépasse largement le cadre du phénomène

expérimental qu'elle rapporte. Elle marque le début de la révolution quantique, celle qui répond à la question « particule ou onde ? » d'une manière tout à fait paradoxale : « particule et onde ! » La nature de la lumière dépend en somme de celui qui l'interroge : à qui parlera fréquence, elle paraîtra ondulatoire ; à qui comptera les photons grâce à l'effet photoélectrique, elle semblera corpusculaire.

Les descriptions de la dualité onde-particule en langage courant tendent toutes à tomber à plat, car il n'existe rien de comparable dans notre monde macroscopique. L'intuition et le sens commun nous trompent souvent, comme nous l'avons vu avec le téléphone mobile. Dans le monde subatomique, une fois de plus, les mathématiques seules nous guident sûrement.

Si Einstein avait été un scientifique ordinaire, ou même un prix Nobel ordinaire, l'équation $E = h\nu$ aurait constitué la grande affaire de sa vie. Mais ce n'est même pas son équation la plus célèbre commençant par la lettre E ! Cette distinction, bien sûr, revint à celle-ci :

$$E = mc^2$$

Avec une simplicité désarmante, cette équation exprime que la matière équivaut à l'énergie. Une particule de masse m contient une quantité d'énergie E qui est égale au produit de la masse par le carré de la vitesse de la lumière (c^2). Comme la vitesse de la lumière est gigantesque, même une infime quantité de matière se convertit en une énorme quantité d'énergie. Le bombardement de Hiroshima en 1945 ne le prouve hélas que trop bien. La bombe *Little Boy* contenait environ 54 kg d'uranium enrichi. Et la quantité de matière réellement transformée en énergie dans l'explosion ne représente pas plus en poids que le petit plomb projeté par les carabines à air comprimé. Ainsi, un grain de matière a suffi à détruire une ville.

Quand Einstein découvrit l'équivalence entre masse et énergie, en 1905, il n'avait pas encore envisagé de si funestes conséquences. Il écrivit à un ami : « Le principe de la relativité lié aux équations de Maxwell demande que la masse mesure directement l'énergie d'un corps, et que la lumière transporte la masse. Une réduction notable de masse devrait donc se produire dans le cas du radium. Cette pensée est amusante et contagieuse ; mais est-ce que Dieu joue et me mène par le bout du nez, voilà ce que j'ignore. » Quarante ans plus tard, le monde entier trouverait que Dieu ne jouait pas du tout. Mais comment Einstein parvint-il à son équation la plus célèbre ? Pour le comprendre, il faut remonter à sa deuxième grande découverte de l'année 1905 : la théorie de la relativité restreinte.

LES LOIS NEWTONIENNES du mouvement demeurent valables dans tout référentiel galiléen – des repères animés d'un mouvement uniforme. Voyager dans un train qui roule à 100 mètres par seconde, par exemple, nous procurerait le même effet que voyager dans un train immobile au sein d'un paysage qui se déplacerait à 100 mètres par seconde. Aucune expérience physique ne permettrait de déceler la différence. Dans les deux cas, les corps se déplaçant en ligne droite continueraient à se déplacer en ligne droite (première loi de Newton), et l'application d'une force provoquerait une accélération en accord avec la formule $F = ma$ (deuxième loi de Newton). Mais nous pourrions détecter une accélération ou un ralentissement soudain du train.

Les équations de Maxwell, quant à elles, ne semblent pas vérifier cette propriété de relativité. La vitesse de la lumière, on s'en souvient, y figure comme une constante. Si les équations de Maxwell restaient valables quel que soit le référentiel galiléen adopté, nous devrions mesurer une même vitesse de la lumière dans tous ces repères, soit 299 792 458 mètres par seconde.

Mais un tel résultat débouche sur un paradoxe. Imaginons que dans notre train lancé à 100 mètres par seconde, nous suivions une voiture lancée à 120 mètres par seconde : il nous semblera alors que la voiture roule plus lentement – à 20 mètres par seconde seulement. Imaginons maintenant que nous suivions une onde lumineuse : elle devrait paraître se déplacer plus lentement que sa vitesse normale, de 100 mètres par seconde, soit une vitesse relative de 299 792 358 mètres par seconde. À l'inverse, si nous roulions en direction du front de l'onde, elle devrait paraître se déplacer plus rapidement, de ces mêmes 100 mètres par seconde.

Il se trouve que nous vivons sur une sorte de train en mouvement : la planète Terre. Comme son orbite autour du Soleil nous emmène dans différentes directions à des époques distinctes de l'année, la vitesse de la lumière émise par une étoile lointaine devrait sembler varier. En dépit de nombreuses expériences, pourtant, et notamment celle menée par Albert Michelson et Edward Morley en 1887, ces variations demeurent indétectables.

Einstein avança que les expériences ne détectaient rien parce ce qu'il n'y avait rien à détecter. Et il éleva le principe de relativité au rang de postulat: les lois physiques sont identiques dans tout référentiel galiléen. La vitesse de la lumière, en particulier, *est* une constante universelle. Il n'y a pourtant lieu d'abandonner ni les équations de Maxwell ni les lois de Newton: il faut simplement les modifier. La bête soustraction des vitesses utilisée dans l'analogie du train, par exemple, ne suffit pas et doit être remplacée par une formule un peu plus compliquée. Et, plus important, il nous faut abandonner notre conception intuitive de l'espace et du temps. Selon Einstein, si nous ne détectons aucun changement dans la vitesse de la lumière, c'est que les longueurs et les durées sont *relatives*. Elles dépendent du référentiel.

↓ Albert Einstein (1879-1955).

Imaginons que nous nous trouvions dans un train lancé à la vitesse de 100 mètres par seconde et que nous passions devant un Albert immobile. Aux yeux de ce spectateur – fin observateur –, le train semblera plus court qu'il ne l'était à l'arrêt et notre montre battra un peu plus lentement que la sienne. Dans la conception d'Einstein de l'Univers, il n'y a pas de mesure absolue d'espace et du temps; « avant » et « après » sont des notions relatives.

Nous ne percevons pas la contraction de l'espace et la dilatation du temps car nous nous déplaçons habituellement à des vitesses bien plus lentes que celle la lumière. Ces effets demeurent donc très ténus. Mais des instruments de haute précision permettent de tester les prédictions de la théorie de la relativité. Une horloge lancée en orbite et ramenée sur Terre montre effectivement un décalage de quelques nanosecondes. Les systèmes GPS prennent les effets relativistes en considération. Notre récepteur GPS compare les signaux reçus de différents satellites, de façon à déterminer la distance qui nous sépare d'eux. Chacun de ces satellites se déplace rapidement par rapport à nous, et leur horloge bat plus lentement par l'effet de la dilatation du temps. Avec les GPS, nous vivons désormais à l'ère de la relativité appliquée.

COMME JE L'AI DÉJÀ MENTIONNÉ, Einstein a formulé deux théories de la relativité distinctes. Avec la « relativité restreinte », développée en 1905, il postule que les lois de la nature s'expriment de façon identique dans tout référentiel galiléen, c'est-à-dire les référentiels qui se déplacent à vitesse constante. Mais le cas des référentiels accélérés enquiquinait Einstein. Il élabora donc une théorie vraiment générale de la relativité, par laquelle les lois de la physique restent identiques dans tout repère de référence de l'observateur.

Il remarqua pour cela que l'accélération ne se distingue pas de la gravitation. Nous observons clairement le fait quand un astronaute se trouve en orbite autour de la Terre. On dit qu'il est en « impesanteur », alors qu'il reste encore en réalité largement soumis au champ de gravité terrestre. Il ne perçoit pas la force de la gravitation car ils sont en chute libre, lui et son vaisseau spatial. En vertu de la théorie de la relativité générale d'Einstein, il n'y aucune différence observable entre une chute libre dans un champ gravitationnel et un mouvement uniforme dans une partie de l'espace soumise à aucun champ de gravitation.

Mathématiquement, la relativité générale est plus difficile à manier que la relativité restreinte. La loi de la gravitation newtonienne est remplacée par l'équation de champ d'Einstein :

$$R_{\mu\nu} - \frac{1}{2} g_{\mu\nu} R = \frac{8\pi G}{c^4} T_{\mu\nu}$$

Les indices μ et ν se rapportent aux quatre coordonnées de l'espace-temps, et chaque paire d'indice (00, 01, 02, 03, 11, 12, 13, 22, 23, et 33) correspond en fait à une équation différente. La formule compte donc dix lignes distinctes.

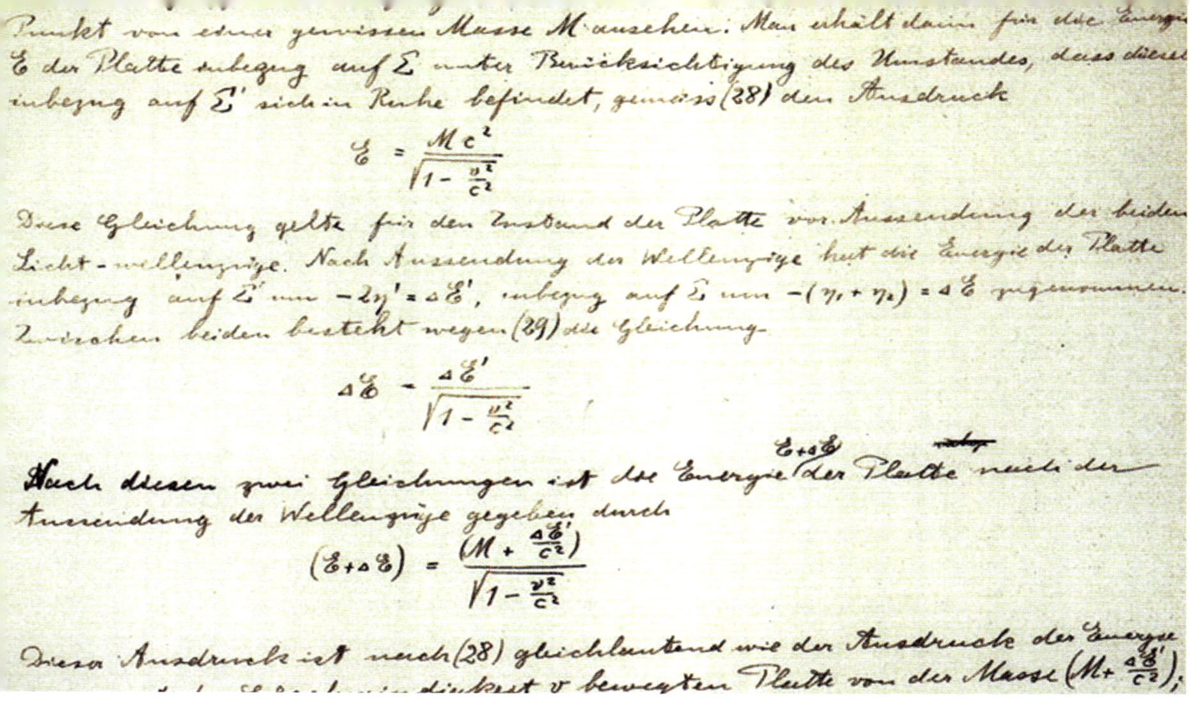
Punkt von einer gewissen Masse M ansehen: Man erhält dann für die Energie $\mathcal{E}$ der Platte inbezug auf Σ unter Berücksichtigung des Umstandes, dass dieselbe inbezug auf Σ' sich in Ruhe befindet, gemäss (28) den Ausdruck

$$\mathcal{E} = \frac{Mc^2}{\sqrt{1-\frac{v^2}{c^2}}}$$

Diese Gleichung gelte für den Zustand der Platte vor Aussendung der beiden Licht-wellenzüge. Nach Aussendung der Wellenzüge hat die Energie der Platte inbezug auf Σ' um $-2\eta' = \Delta\mathcal{E}'$, inbezug auf Σ um $-(\eta_1+\eta_2) = \Delta\mathcal{E}$ zugenommen. Zwischen beiden besteht wegen (29) die Gleichung

$$\Delta\mathcal{E} = \frac{\Delta\mathcal{E}'}{\sqrt{1-\frac{v^2}{c^2}}}$$

Nach diesen zwei Gleichungen ist die Energie $\mathcal{E}+\Delta\mathcal{E}$ der Platte nach der Aussendung der Wellenzüge gegeben durch

$$(\mathcal{E}+\Delta\mathcal{E}) = \frac{\left(M+\frac{\Delta\mathcal{E}'}{c^2}\right)}{\sqrt{1-\frac{v^2}{c^2}}}$$

Dieser Ausdruck ist nach (28) gleichlautend wie der Ausdruck der Energie ... v bewegten Platte von der Masse $\left(M+\frac{\Delta\mathcal{E}'}{c^2}\right)$,

Le membre de gauche de l'équation mesure la courbure de l'espace ; celui de droite, le « tenseur énergie-impulsion », rend compte de la propagation de la matière et de l'énergie (deux notions équivalentes !). John Wheeler, un grand spécialiste de la théorie de la relativité, décrivait l'équation par cette formule lapidaire : « La matière dicte à l'espace-temps sa courbure, et la courbure de l'espace-temps dicte à la matière son déplacement. » L'équation ci-dessus a mené à la découverte des trous noirs et à la théorie du big bang, ou, plus terre à terre, à l'intégration de termes correctifs dans les systèmes GPS – qui dépassent ceux de la relativité restreinte.

C'est encore la théorie de la relativité générale qui conduisit Einstein à prédire la courbure des rayons lumineux dans un champ gravitationnel. La lumière en provenance d'une étoile lointaine, par exemple, devait se courber en passant près du Soleil. C'est la confirmation de cette prédiction, durant l'éclipse solaire de 1919, qui propulsa Einstein sous les feux d'une célébrité soudaine.

Mais répondons maintenant à la question posée plus haut : comment Einstein a-t-il compris que la matière équivaut à l'énergie ? En 1915, alors qu'il posait enfin les équations de la relativité générale, il exploitait cette équivalence sans plus même y penser. Mais en 1905, le jeune examinateur de brevets ne s'était frotté qu'à la relativité restreinte.

↑ Une page de la théorie de la relativité générale. Einstein fit don du manuscrit original complet de sa théorie révolutionnaire à l'Académie israélienne des sciences et des lettres.

EINSTEIN DÉCOUVRIT SON ÉQUATION la plus célèbre en poussant une réflexion apparemment anodine jusqu'à sa conclusion logique. Il se demanda ce qui se passerait si un corps de masse m émettait deux photons dans des directions opposées, et s'ils étaient observés dans deux référentiels galiléens différents : le premier au repos avec le corps, l'autre se déplaçant à la vitesse v dans une direction perpendiculaire aux deux photons. Il montra que les deux photons subiraient un décalage vers le bleu dans le repère en mouvement, c'est-à-dire que leur fréquence ν augmenterait, et avec elle leur énergie, en raison de l'équation $E = h\nu$. Pour Einstein, cette énergie ne pouvait provenir que de l'énergie cinétique du corps qui les avait émis. Cette énergie vaut, en vertu de la célèbre formule newtonienne, $1/2mv^2$, la moitié de la masse multipliée par le carré de la vitesse. Mais la vitesse de l'objet dans le repère en mouvement ne peut avoir varié lors de l'émission des photons puisque, émis dans des directions opposées, leurs quantités de mouvement s'annulent mutuellement. Conclusion : c'est donc la masse qui a varié ! Le corps a converti sa masse en énergie, et la quantité de masse convertie est déterminée par la formule :

$$m = \frac{E}{c^2}$$

L'équation la plus célèbre de l'histoire en découle immédiatement.

L'article d'Einstein intitulé « L'inertie d'un corps dépend-elle de son contenu en énergie ? » émerveille autant qu'il horrifie le puriste mathématique. L'auteur joue certes avec maestria de l'hypothèse des quanta de lumière et de la relativité restreinte comme de deux instruments se répondant en duo. Mais le « chien paresseux » qui ne s'intéressait guère à ses cours de mathématiques sommeillait toujours en lui : Einstein ne prouve pas que $E = mc^2$! À un certain point, il recourt à une approximation, de sorte qu'il montre en réalité que $E \approx mc^2$, c'est-à-dire que l'énergie équivaut *presque* à la matière. Il ne s'essaie même pas à étudier sérieusement la précision de son approximation. Comme si ça ne l'intéressait pas… Pourquoi ira-t-il gâcher une pensée « amusante et contagieuse » avec une preuve mathématique pédante ? Plus tard, bien sûr, Einstein et d'autres reviendraient au problème et assureraient par des arguments plus rigoureux la solidité de ce principe physique capital.

20
D'un cigare bon marché à Westminster Abbey
L'équation de Dirac

En 1922, la notoriété internationale d'Albert Einstein reposait principalement sur sa théorie de la relativité générale. La révolution quantique qu'il avait initiée avait continué, sans lui ou presque, son petit bonhomme de chemin. Si la communauté des spécialistes comptait alors autant de sceptiques que de croyants, même les disciples les plus fervents s'interrogeaient sur la foi qu'il convenait d'accorder aux nouvelles conceptions.

Qu'est-ce que la physique quantique ? À son niveau le plus fondamental, cette théorie affirme simplement que les mesures effectuées par les physiciens, comme celles de l'énergie, de la charge électrique et du moment angulaire (ou cinétique), ne sont pas indéfiniment divisibles, mais discrètes : il existe des quanta, des unités minimales d'énergie, de charge, etc.

Les quanta n'ont pas d'équivalents dans le monde macroscopique. Einstein avait par exemple montré que les photons adoptaient un double comportement, ondulatoire et corpusculaire. Comment est-ce possible ? En 1922, la quantification du moment angulaire semblait tout aussi paradoxale…

On subodorait alors que le quantum de spin d'une particule de masse m valait $mh/2\pi$. (Ici h désigne la constante de Planck, celle qui apparaît aussi

$$\mathcal{E}\psi = (i\beta m + \alpha \cdot p)\psi$$

La fonction d'onde ψ décrit (par exemple) l'état d'un électron d'énergie $\mathcal{E}$, de masse *m*, de quantité de mouvement *p* et de matrices de spin (ou « spineurs ») α et β. En modifiant une équation d'Einstein, Dirac montre comment l'énergie d'une particule dépend de sa masse, de sa quantité de mouvement et de son spin.

dans la formule de l'énergie d'un quantum de lumière.) En d'autres termes, la mesure du moment angulaire de la particule autour de n'importe quel axe donnerait toujours un multiple de ce quantum. Un tel phénomène est inenvisageable en physique classique. Un corps comme une planète ou une boule de bowling admet un axe de rotation qui préexiste avant la mesure ; que cet axe se présente de biais par rapport à la direction étudiée, et nous capterons simplement une partie du moment angulaire.

Mais pour une particule quantique, chaque observation du moment angulaire est une proposition de type « tout ou rien ». Le moment angulaire autour de l'axe choisi est observé intégralement ou pas du tout. C'est un peu comme si la particule attendait qu'on l'observe, et qu'elle « décide » à cet instant si elle tourne autour de cet axe ou non. Cet « effet de l'observateur », par lequel l'expérimentateur semble affecter le système qu'il étudie, est omniprésent en physique quantique. Un photon, on l'a vu, semble décider de sa nature ondulatoire ou corpusculaire en fonction de l'expérience que l'observateur choisit de réaliser.

Deux physiciens de Francfort, en Allemagne, virent comment tirer profit de cette particularité pour tester et, peut-être, réfuter la théorie quantique. Otto Stern et Walther Gerlach avaient conçu une méthode pour produire un

faisceau d'atomes d'argent. En présence d'un champ magnétique, selon la théorie quantique, les atomes du faisceau devaient être déviés à droite ou à gauche : s'ils tournaient dans le sens inverse des aiguilles d'une montre par rapport à l'axe du champ (spin haut), ils seraient déviés d'un côté ; s'ils tournaient en sens direct (spin bas), ils seraient déviés de l'autre. Le faisceau devrait donc se séparer en deux.

↑ Visualisation numérique de particules quantiques.

À l'inverse, dans un monde décrit par la physique classique, les directions de spin des atomes d'argent se répartiraient aléatoirement. Les atomes se verraient plus ou moins déviés d'un côté ou de l'autre. Au lieu de se scinder en deux faisceaux nets, ils devraient s'étaler en un unique faisceau diffus.

En faveur de quelle théorie l'expérience allait-elle trancher ? La première fois qu'ils regardèrent l'écran frappé par le faisceau, Stern et Gerlach ne virent rien du tout ! Le flux était trop faible pour que les atomes d'argent puissent être détectés. Mais alors qu'ils étaient tous deux penchés sur l'écran, ils virent deux lignes noires se former comme par magie. La raison, ainsi que Stern le comprit ultérieurement, tenait à son faible pour le cigare : « Comme je ne gagnais pas de quoi m'en acheter de bons, j'en fumais de mauvais. Ils contenaient beaucoup de soufre, de sorte que mon haleine sur l'écran a transformé l'argent en sulfure d'argent, une substance d'un noir de jais, donc facilement visible. » (Une reconstitution effectuée en 2003 montre que la simple « haleine » ne suffit pas à produire l'effet décrit par Stern. Il faut exposer l'argent à la fumée du cigare – et c'est probablement ce qui s'est passé !)

La fumée d'un cigare bon marché a donc confirmé la prédiction quantique : le faisceau s'est scindé en deux. Mais l'histoire ne s'arrête pas là… Avec le temps, les physiciens ont compris que l'effet observé par Stern et Gerlach ne correspondait pas à ce qu'ils cherchaient. Comme Christophe Colomb était parti chercher l'Inde, ils étaient partis chercher le moment angulaire orbital des électrons en rotation autour des noyaux des atomes d'argent. Or ils ont trouvé (sans en prendre conscience sur le coup) le spin des électrons eux-mêmes. Leur découverte a eu des répercussions que personne n'aurait pu attendre.

CERTAINS PHYSICIENS avaient imaginé que les électrons puissent tourner. Mais pour parvenir à un moment angulaire de $^{mh}/_{2\pi}$, la rotation de l'électron devait dépasser la vitesse de la lumière, ce que, bien sûr, la théorie de la relativité n'autorise pas.

Un jeune diplômé de l'université de Cambridge, Paul Adrien Maurice Dirac, s'attacha en 1927 à réconcilier mécanique quantique de l'électron et relativité restreinte. Il commença par une équation qu'Einstein lui-même avait posée :

$$E^2 = m^2c^4 + p^2c^2$$

Elle nous rappelle quelque chose… Il s'agit de la formule de l'équivalence entre matière et énergie ($E = mc^2$), mais corrigée pour tenir compte de la quantité de mouvement de l'électron (p). Elle donne également le carré de l'énergie et non l'énergie elle-même. Dirac y voyait là un défaut, et cherchait un moyen de prendre la racine carrée de l'équation. Mais l'homme n'était pas

du genre à se contenter de placer la partie droite de la formule sous un grand symbole. Il avait conçu une approche esthétisante de la physique et disait souvent que les équations se doivent d'être belles. Et pour lui, les racines carrées étaient franchement laides.
Dirac réécrivit dont l'équation sous la forme suivante :

$$E = \alpha_1 p_1 + \alpha_2 p_2 + \alpha_3 p_3 + i\beta m$$

Ici p_1, p_2 et p_3 représentent les trois composantes de la quantité de mouvement de l'électron dans l'espace tridimensionnel. Les mystérieuses quantités α_1, α_2, α_3 et β satisfont les relations suivantes :

$$\alpha_1^2 = \alpha_2^2 = \alpha_3^2 = -\beta^2 = 1$$

$$\alpha_1\alpha_2 = -\alpha_2\alpha_1$$

$$\alpha_2\alpha_3 = -\alpha_3\alpha_2$$

$$\text{et} \quad \alpha_3\alpha_1 = -\alpha_1\alpha_3$$

Si je montre ces formules, c'est pour signaler qu'elles sont virtuellement identiques à celles des quaternions, écrites par Hamilton quelque 80 années plus tôt ! Seuls les noms ont changé (et –1 a remplacé 1 dans la première équation). En un sens, Dirac a redécouvert les quaternions, même s'il les a écrits avec des matrices 4 par 4.

Dirac a également modifié la formule d'Einstein en présentant l'énergie comme un opérateur agissant sur une fonction d'onde Ψ. Cette approche s'accorde avec la philosophie de la mécanique quantique : toute quantité observable d'une particule n'est pas seulement un nombre mais une opération physique appliquée à cette particule. (Raison pour laquelle l'observateur fait intrinsèquement partie de la mécanique quantique.)

Sous sa forme finale, l'équation de Dirac se présente ainsi :

$$E\psi = (i\beta m + \alpha \cdot \bar{p})\psi$$

Par souci de simplification, j'ai encore condensé les trois matrices alpha en un symbole α et représenté la quantité de mouvement par un unique vecteur *p*. Pour que la formule ait un sens mathématique, il faut que la fonction d'onde Ψ soit un objet à quatre dimensions, comme les quaternions. Cet aspect de l'équation ne manqua pas d'intriguer les physiciens. D'accord pour deux composantes qu'ils pouvaient associer aux états spin-haut et spin-bas, mais quel sens accorder aux deux autres ?

↑ Paul Dirac debout devant un modèle quantique de la molécule d'hydrogène.

Autre mystère, la fonction d'onde ne se comportait pas comme un vecteur (une « flèche » dans l'espace-temps). Une rotation de l'espace à 360 degrés ne faisait tourner la fonction d'onde que de 180 degrés, et faisait donc passer l'électron de l'état spin-haut à l'état spin-bas.

De ce point de vue, les électrons ne ressemblent pas du tout à des boules de bowling ou des planètes. Pour se représenter leur comportement, recourons à une analogie ingénieuse, connue sous le nom de « tour de l'assiette de Feynman » : placez une assiette sur une paume de la main ouverte devant vous. Faites maintenant tourner l'assiette de 360 degrés, en décrivant un cercle de votre bras, assiette toujours face au ciel. Votre bras se trouvera dans une position inconfortable. Contrairement à l'assiette, il n'a tourné que de 180 degrés ; il n'a pas retrouvé sa position originale. Mais si à partir de cette position vous faites tourner l'assiette une fois de plus, votre bras retrouvera sa position normale : le système « bras + assiette » se comporte comme un quaternion !

Bien que la formule d'Einstein $E = mc^2$ soit davantage connue du grand public, la formule de Dirac est au moins aussi importante pour les physiciens et les mathématiciens. Frank Wilczek, un grand chercheur du MIT, a par exemple écrit, lors du centenaire de la naissance de Dirac en 2002 : « De toutes les équations de la physique, c'est peut-être celle de Dirac qui est la plus "magique". C'est la plus librement inventée, la moins conditionnée à l'expérience, celle dont les conséquences sont les plus étranges et les plus époustouflantes. [Elle] sert aujourd'hui de point d'appui à la physique fondamentale. »

POURQUOI L'ÉQUATION DE DIRAC a-t-elle bouleversé la physique à ce point ? Dirac interprétait les deux composantes supplémentaires de la fonction d'onde de l'électron comme des particules à énergie négative, ou des « trous » dans l'espace, qui se comportaient exactement comme des électrons mais avec une charge opposée. Il avança cette opinion, en 1931, avec beaucoup d'hésitation. Certains physiciens ne manquèrent pas de la railler, à l'instar de Wolfgang Heisenberg pour qui cette théorie constituait « le plus triste chapitre de la physique moderne ».

Moins d'une année plus tard, pourtant, un chercheur du Caltech, Carl Anderson, détectait expérimentalement l'électron positivement chargé de Dirac, autrement appelé positon. Pour la première fois, l'existence d'une particule inconnue avait été prédite par des voies purement mathématiques. De nos jours, les physiciens théoriciens s'adonnent allègrement à l'exercice – et il arrive même qu'ils voient juste. La découverte de Dirac a radicalement modifié les règles du jeu : la théorie pouvait précéder l'expérience.

→ Une pluie de particules électromagnétiques. Ces traces mettent en évidence les nombreuses paires électron-positon créées par un rayonnement gamma hautement énergétique.

La découverte du positon révélait aussi l'existence de l'antimatière. Les physiciens comprennent désormais que toute particule est associée à une antiparticule, et qu'un tel couple s'annihile quand les deux entités se rencontrent. Cette propriété débouche aussitôt sur un nouveau mystère : pourquoi y a-t-il plus de matière que d'antimatière ? Pourquoi l'Univers n'est-il pas vide en somme ?

Les équations de Dirac ont aussi montré que les particules se partagent en deux classes fondamentales, celle des bosons, au spin entier, et celle des fermions, au spin demi-entier ($\pm ^1/_2$, $\pm ^3/_2$, etc.). Les photons, par exemple,

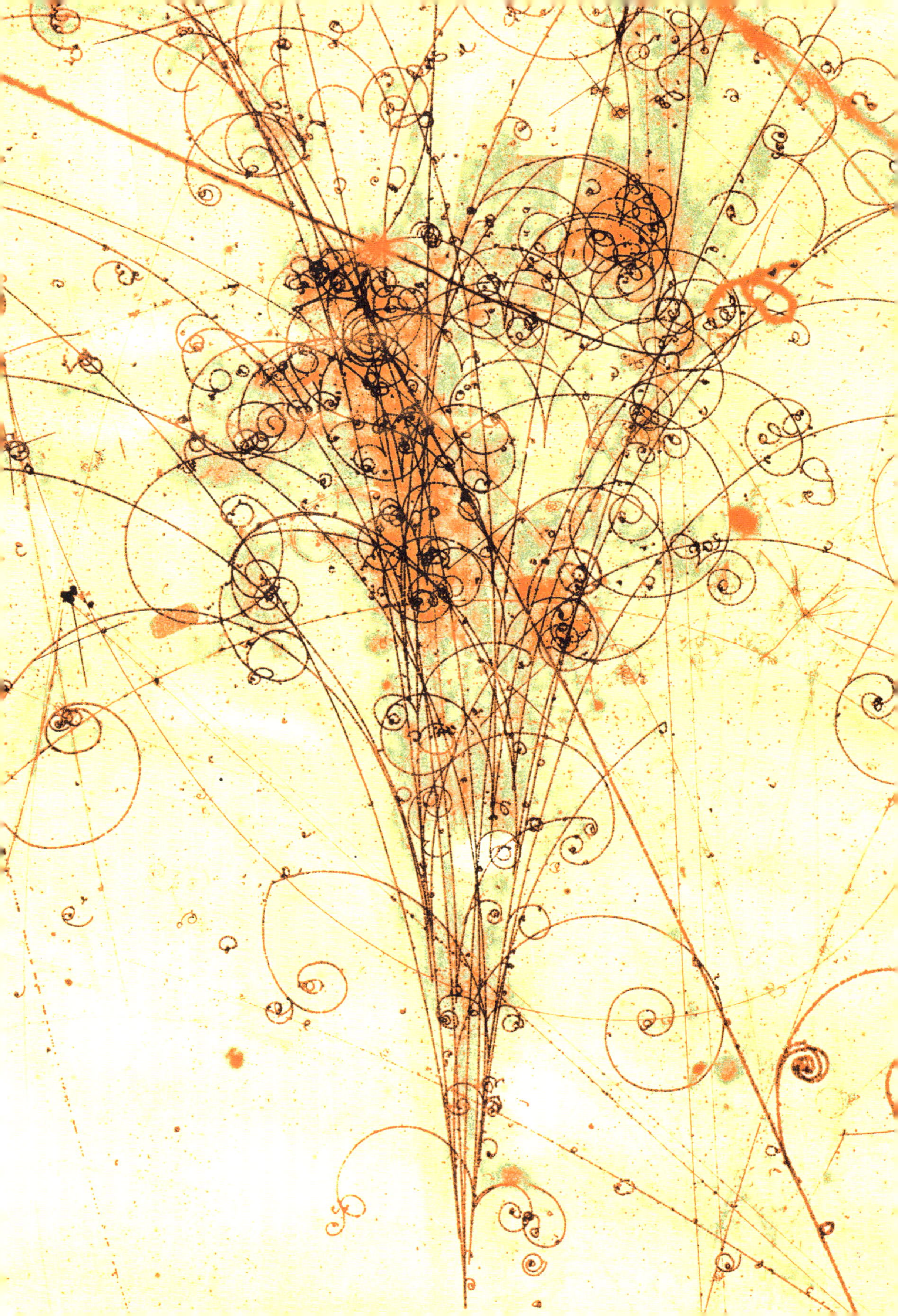

relèvent de la première catégorie, alors que les particules qui constituent la matière ordinaire – électrons, protons et neutrons – entrent dans la seconde. Les fonctions d'ondes sont respectivement « vectorielles » et « spinorielles » (à la manière des quaternions[13]).

Les bosons aiment à se rassembler, ce dont témoigne l'existence du rayonnement laser, une collection de photons dans un même état quantique. Les fermions, en revanche, préfèrent afficher entre eux une réserve certaine – un état quantique différent. Ce n'est pas forcément une mauvaise chose... Que deux électrons ne puissent se chevaucher explique leur répartition en couches (ou en « orbitales ») autour du noyau d'un atome (deux électrons au niveau d'énergie le plus bas, huit au suivant, etc.).

En définitive, le tableau périodique des éléments doit son existence tout entière à l'équation de Dirac. Sans elle, pas de matière au sens où nous l'entendons, pas de réactions chimiques... Seulement de la lumière. Un Univers figé à la première phrase de la Genèse !

MAIS REDESCENDONS SUR TERRE... Les applications de l'équation de Dirac sont légion. J'ai déjà mentionné les lasers... En médecine, la technologie de certains scanners repose sur l'émission de positons (TEP) ou sur la manipulation du spin des électrons par un champ magnétique (IRM).

L'équation de Dirac a également modifié notre perception du vide. Pour un physicien, le vide n'est plus un espace vide, mais un espace qui fourmille d'énergie. Des particules et leurs antiparticules jaillissent dans l'existence ou disparaissent en permanence... Le concept même de « particules » a pris un solide coup de vieux. Le physicien lui préfère la notion plus fondamentale de *champ quantique*. Ces champs, comme les champs électriques, imprègnent

---

[13] Un expert pourrait me reprendre sur mon identification entre spineurs et quaternions. De fait, le signe « moins » qui les distingue ne reste pas sans conséquences : les spineurs, en particulier, se laissent définir en toute dimension, alors que les quaternions résultent en quelque sorte des particularités de la dimension basse. Mais en dimension 3 ou 4, la nuance est purement académique. Les spineurs tridimensionnels sont les quaternions de longueur 1, ou quaternions « unités », et les spineurs quadridimensionnels sont des paires de quaternions unités.

l'espace tout entier, et les particules ne sont que leurs manifestations locales. Une particule est une fluctuation de champ, plus ou moins durable.

L'histoire ne recense que peu d'équations aux effets aussi omniprésents. Mais celui qui l'a découverte, Paul Dirac, parlait peu et fuyait toute forme de publicité. S'il avait dit deux mots dans une conversation, c'est qu'il s'était montré d'humeur bavarde. En apprenant qu'il allait recevoir le prix Nobel, en 1933, son premier mouvement fut de le refuser. Il changea d'avis quand ses amis le persuadèrent que l'accepter ferait moins de bruit ! Dirac a largement échappé à la fascination et l'adulation des foules qu'ont pu connaître Newton ou Einstein.

Dirac était néanmoins très apprécié de ses collègues. Après sa mort en 1984, une plaque à son nom fut apposée à Westminster Abbey, non loin du tombeau de Newton, dont il avait hérité la chaire à Cambridge. Comme il sied à un homme qui n'aimait pas les mots, on y a inscrit son équation. La seule formule, sans doute, jamais pieusement conservée dans un lieu de culte…

21
Le bâtisseur d'empires
L'équation de Gauss-Bonnet-Chern

Bien qu'un siècle de mathématiques ne puisse se résumer en quelques phrases, ni même en quelques pages, il est au moins possible d'en dégager quelques grandes tendances. Au XXe siècle, les liens étroits qui ont toujours uni mathématiques et physique se sont resserrés tout en changeant de nature. Les physiciens, à partir d'Einstein, ont régulièrement constaté que les mathématiciens avaient déjà mis au point les outils dont ils avaient besoin. Les mathématiciens, de leur côté, ont plus que jamais puisé leur inspiration dans la physique.

Le XXe siècle a connu une montée en puissance de la géométrie. La théorie de la relativité générale élaborée par Einstein nécessitait un espace courbe, c'est-à-dire une géométrie non-euclidienne, dont la courbure varie de point en point. Gauss, Lobatchevski et Bolyai avaient sans doute semé les germes de cette nouvelle géométrie au début du siècle précédent, mais la courbure de leurs espaces demeurait constante. Bernhard Riemann la libéra de cette contrainte. La géométrie riemannienne, dite encore géométrie différentielle, se développa d'abord lentement, avant de s'épanouir jusqu'à prendre une place centrale en mathématiques durant la seconde moitié du XXe siècle.

Les mathématiques, surtout après la Seconde Guerre mondiale, ont également eu tendance à se globaliser. Dans un lointain passé, de nombreux

$$\int_M Pf(\Omega) = (2\pi)^n \chi(M)$$

La lettre *M* désigne un espace ou un univers (une « variété ») de dimension paire sans bords ; $\chi(M)$ désigne sa caractéristique d'Euler, c'est-à-dire, en dimension 2, son nombre de « trous » ; Ω désigne sa courbure. La formule donne une information sur la forme globale de l'espace à partir de sa courbure en chaque point.

résultats importants avaient été découverts en Asie, en Égypte ou dans le monde arabe. Mais à partir de 1500 environ, la partie s'est surtout jouée en Europe, et entre mâles. De nos jours, avec une inégalité des chances qui tend à se combler, le prochain grand théorème viendra (presque !) aussi probablement d'un Zhang ou d'une Alice que d'un Smith ou d'un Bernard.

Si je devais illustrer ces trois tendances du XXe siècle par un seul homme, mon choix se porterait indubitablement sur Shiing-Shen Chern. Né en Chine, à Jiaxing près de Shanghai, en 1911, ce mathématicien étudia à l'université de Nankai, près de Pékin, où il obtint une bourse pour partir étudier en Europe. Il travailla alors d'abord deux ans à Francfort, avec un géomètre nommé Wilhelm Blaschke, puis une année à Paris, en compagnie d'Élie Cartan.

À cette époque, la géométrie différentielle n'était guère étudiée. Un coup d'œil jeté aux équations de champ d'Einstein présentées au chapitre 19 suffit à en expliquer la raison. Pour décrire la géométrie d'un espace courbe, il faut y établir un système de coordonnées. Dès lors, la moindre équation s'accompagne d'une flopée de symboles, ou plutôt d'une « débauche d'indices » (comme μ et ν dans les équations de champ) pour reprendre l'expression de Michael Spivak, auteur d'un manuel classique de géométrie différentielle.

L'ironie du sort veut en outre que les quantités les plus importantes et les plus intéressantes de la géométrie différentielle soient précisément celles qui ne dépendent pas du choix des coordonnées. En d'autres termes, il faut s'échiner à garder trace d'informations dont nous n'aurons plus besoin par la suite !

Cartan, le mentor de Chern en France, avait jeté les bases d'une approche de la géométrie différentielle qui n'utilisait pas les coordonnées. Mais cette théorie, dite du « repère mobile », se montrait d'un abord particulièrement ardu. Chern s'en empara et la simplifia, la faisant du même coup passer d'une théorie locale, adaptée à l'étude de petits morceaux d'espaces courbes, à une théorie globale, qui prend en compte l'espace dans sa totalité. Le premier résultat célèbre obtenu par Chern, et son plus beau aux yeux de nombreux mathématiciens (dont Chern lui-même), généralise une formule du XIXe siècle sur les surfaces, la formule dite de « Gauss-Bonnet », nommée d'après Carl Friedrich Gauss et Pierre Ossian Bonnet. Le théorème de Gauss-Bonnet-Chern, comme il est aujourd'hui appelé, se présente ainsi :

$$\int_M Pf(\Omega) = (2\pi)^n \chi(M)$$

Que signifie-t-il ? Vu de très haut, il indique que si nous vivions sur un espace courbe (une « variété », notée ici *M*), nous pourrions nous informer sur sa forme globale (ici représentée par $\chi(M)$, sa caractéristique d'Euler) en mesurant sa courbure (Ω) en chaque point. Le *Pfaffien* (*Pf*) désigne un calcul particulier qu'il faut effectuer avec la courbure, et le signe *intégral* ($\int$) indique qu'il faut sommer les résultats sur tous les points de l'espace. Un théorème global *par excellence.*

Regardons les choses de plus près. L'espace courbe est supposé de dimension $2n$. Avec $n = 1$, le cas le plus simple, nous avons donc affaire à un espace bidimensionnel, c'est-à-dire une surface au sens traditionnel du terme. La seule propriété géométrique d'une surface qui est indépendante du système de coordonnées est sa courbure de Gauss, *K*. Si la surface est convexe, sa courbure est positive ; si elle a la forme d'une chips, sa courbure est négative. La courbure totale d'une région mesure la façon dont sa géométrie diffère de la géométrie euclidienne. Si la courbure totale d'un triangle vaut *x*, par exemple, alors la somme des angles du triangle vaut :

$$\left(180 + \frac{180x}{\pi}\right) \text{ degrés.}$$

Si cette courbure est nulle, la somme des angles vaut 180 degrés, ce qui rejoint le résultat démontré par Euclide. Sur une sphère, par exemple, une surface à courbure positive, on peut trouver un triangle avec trois angles droits. (Souvenons-nous de la géométrie de la fourmi présentée au chapitre 15). La somme des angles de ce triangle vaut 90 + 90 + 90 = 270 degrés, de sorte que la courbure totale du triangle est $\pi/2$.

Vérifions ce résultat par la formule de Gauss-Bonnet. La courbure en chaque point de la sphère, que l'on suppose de rayon R, est

$$\frac{1}{R^2}$$

La courbure totale d'un triangle s'obtient en multipliant sa surface par cette courbure. L'aire de la sphère est $4\pi R^2$, et il faut huit triangles pour recouvrir la sphère. Chaque triangle a donc une aire de

$$\frac{4\pi R^2}{8} \text{ soit } \frac{\pi R^2}{2}$$

En multipliant cette aire par la courbure, on obtient

$$\left(\frac{\pi R^2}{2}\right)\left(\frac{1}{R^2}\right)$$

pour courbure totale, soit $\pi/2$ comme annoncé.

LE THÉORÈME DE GAUSS-BONNET marque un point de passage entre la géométrie ancienne (Quelle est la somme des angles d'un triangle ?) et la géométrie moderne (Comment décrire les propriétés globales d'une surface courbe ?). Alors franchissons le pas et laissons la vieille géométrie derrière nous… Pour donner au théorème de Gauss-Bonnet sa pleine mesure, il nous faut calculer la courbure de toute la surface, pas seulement d'un triangle. Dès lors apparaît un résultat extraordinaire. Si la surface M est grossièrement sphérique – un ballon de rugby ou n'importe quoi sans trou – alors la courbure totale vaudra toujours 4π.

En d'autres termes :

$$\int_M K = 4\pi$$

En procédant au même calcul sur une surface M de forme plus ou moins torique – une chambre à air, une tasse à café, une vuvuzela ou quoi que ce soit qui présente un trou – on trouvera une courbure totale nulle, soit :

$$\int_M K = 0$$

Plus généralement, si la surface présente g trous, la courbure totale permet de détecter ce nombre :

$$\int_M K = 2\pi(2-2g) = 2\pi\chi(M)$$

L'entier $\chi(M) = 2 - 2g$ s'appelle la caractéristique d'Euler de la surface. Cette formule correspond à la formule de Gauss-Bonnet-Chern donnée ci-dessus (avec $n = 1$, bien sûr).

Le théorème classique de Gauss-Bonnet, valable pour les surfaces, est remarquable pour deux raisons. D'abord parce qu'il signifie qu'une fourmi très intelligente, en se servant uniquement de la géométrie dont elle dispose, peut déterminer le type de surface sur lequel elle vit (une sphère, un tore ou un univers plus compliqué). La courbure K est *intrinsèque* à la surface, ce qui signifie que la fourmi n'a pas besoin de sortir de la surface pour la mesurer.

En second lieu, la courbure de la surface ne vaut pas n'importe quoi : c'est une fonction *discrète*, dont la valeur est toujours un multiple entier de 2π. De ce point de vue, cette formule du XIXe siècle annonce les préoccupations quantiques des mathématiciens et des physiciens du siècle suivant.

MAIS IL EST TEMPS d'en revenir à notre mathématicien. En 1943, grâce à l'armée américaine qui l'aida à quitter la Chine, alors occupée par les Japonais, Chern rejoignit l'Institute for Advanced Study (ou IA, Institut d'étude avancée) à Princeton. Il apprit alors que deux mathématiciens, André Weil et Carl Allendoerfer, avaient prouvé une version bien plus générale du théorème de Gauss-Bonnet, valable pour tous les espaces courbes de dimension paire, et non plus seulement ceux de dimension deux. Toutefois, leur preuve embrouillait plus qu'elle n'expliquait, du fait qu'elle contenait des

↑ Un univers toroïdal, vue d'artiste.

éléments qui se sont révélés inutiles ultérieurement. Son histoire rappelle à cet égard celle de *Dumbo*, l'éléphant qui voulait apprendre à voler à grâce à une plume magique, et qui découvre que la plume n'a rien de magique et qu'il peut très bien s'en passer.

Dans un court manuscrit de six pages publié en 1946, Chern donna une preuve qui ne souffrait d'aucun de ces défauts. Du même coup, il lança la géométrie d'après-guerre sur un nouveau pied. Il introduisit un concept, aujourd'hui connu sous le nom de *fibré*, qui ressemble à un château bâti sur une variété M. Tout ce qui se passe au sol, sur la variété, n'est que le pâle reflet de ce qui se passe dans le château, le fibré. Chern découvrit en particulier qu'à l'intégration de la courbure (Ω) sur la variété correspondait l'intégration de « formes différentielles » dans le fibré. Et en intégrant en haut plutôt qu'en bas, le théorème devenait presque évident.

Presque, mais pas tout à fait. Le calcul de Chern était en réalité un véritable *tour de force*, et son idée de calculer dans le fibré un coup de génie. Sa preuve montrait surtout que le fibré abritait un trésor d'informations inexploité sur l'espace qui le portait. Elle a permis de dégager une profusion d'invariants topologiques, en plus de la caractéristique d'Euler, comme les classes de Chern ou les invariants de Chern-Simmons.

Le travail de Chern marquait la fin d'un cycle. Einstein et Dirac avaient montré que la physique ne se concevait plus sans la géométrie. Chern prouvait que la géométrie ne se concevait plus sans physique. Le fibré est en effet l'espace naturel du champ quantique. Et comprendre la forme d'un espace revient à savoir quels types de fibrés il est possible d'y construire – quels types de champs quantiques il peut supporter.

DEUX DÉCENNIES PLUS TARD, en 1963, Michael Atiyah et Isadore Singer explicitèrent ce lien entre mathématiques et physique de manière on ne peut plus convaincante : en donnant une preuve du théorème de Gauss-Bonnet-Chern (et un peu plus) directement tirée des solutions de l'équation de Dirac !

Pourquoi le théorème de Gauss-Bonnet-Chern est-il important ? Parce que nous ne pouvons « sortir » de notre univers pour le comprendre. Il nous faut travailler de l'intérieur, grâce aux outils conçus par Chern et ses successeurs.

Loin de moi l'idée, cependant, de laisser croire que les mathématiques ne s'intéressent qu'à notre univers. Je pense au contraire qu'elles se distinguent principalement de la physique sur ce point. Les théories physiques doivent *in fine* trouver un point d'ancrage dans l'expérimentation, une contrainte à laquelle échappent les théorèmes. Il est quand même épatant que la compréhension d'un univers quelconque (ou du moins une variété différentiable de dimension paire) passe aussi par le vocabulaire de la théorie des champs et l'équation de Dirac. Ceux qui inclinent à croire en l'existence d'un Créateur (ou d'une Créatrice !) ne pourront en tout cas s'empêcher de louer ses qualités de mathématicien.

La carrière de Chern se poursuivit d'un continent à l'autre. Il retourna en Chine après la guerre, mais la quitta de nouveau avec la prise de pouvoir par les communistes en 1949. Il travailla d'abord à l'université de Chicago, puis à l'université de Californie, à Berkeley, où avec Singer et Calvin Moore, il fonda le Mathematical Sciences Research Institute (ou MSRI, Institut de recherche en sciences mathématiques), le premier institut de mathématiques pures des États-Unis. Après sa retraite, en 1984, il se consacra à la résurrection des mathématiques chinoises, qui avaient eu à pâtir de la Révolution culturelle. Il se rendit souvent en Chine, et ne ménagea ni son temps ni sa peine pour que de nombreux étudiants puissent étudier en Amérique. Il fonda aussi l'Institut de mathématiques de Nankai à Tianjin, rebaptisé Institut Chern après sa mort, survenue en 2004. Il jouissait alors en Chine de la même célébrité qu'Einstein en son temps aux États-Unis.

À cet égard, voici comment Robert Bryant, l'un des directeurs ultérieurs du MSRI, raconte l'arrivée de Chern lors d'un championnat de tennis de table à Tianjin en 1995 : « Toutes les caméras de télévision étaient braquées vers le Premier ministre. Puis M. et Mme Chern entrèrent. Les caméras se tournèrent aussitôt vers eux. [Chern] était une icône, une grande figure intellectuelle qui avait montré ce que les Chinois pouvaient faire à l'extérieur du pays. »

Comme Dirac, Chern restait très modeste sur ses réalisations, mais, contrairement à lui, se montrait très à l'aise en société. Il avait compris que les mathématiques ne progressent pas seulement par de nouvelles formules mais aussi par de nouvelles institutions, comme le MSRI ou l'Institut de Nankai. Comme le résume Hung-Hsi Wu, l'un de ses vieux collègues à Berkeley : « C'était un bâtisseur d'empires au meilleur sens du terme. »

22

Un infini plus ou moins grand

L'hypothèse du continu

À partir des années 1870, les mathématiciens ont commencé à comprendre que l'infini existait en plusieurs tailles, ce qui a débouché au XXe siècle sur une découverte aussi profonde que paradoxale.

Comme nous l'avons vu dans la partie 1, l'infini posait problème depuis au moins l'époque de Zénon et au XIXe siècle encore, les mathématiciens continuaient à faire de leur mieux pour éviter de s'y frotter sérieusement. En 1831, par exemple, Gauss écrivait à Heinrich Schumacher : « Je commencerai par protester contre l'usage que vous faites d'une grandeur infinie, en la traitant comme une quantité déterminée, ce qui n'est jamais permis en mathématiques. L'infini n'est qu'une façon de parler… »

Vers la fin du siècle, toutefois, la situation évolua quand il apparut que les mathématiques reposaient plus fondamentalement sur les ensembles que sur les nombres. Dès lors, il devenait impossible de contourner l'existence d'ensembles infinis, comme celui des entiers positifs, {1 ; 2 ; 3 ;…}, ou celui des approximations successives de π, {3,1 ; 3,14 ; 3,141 ; 3,1415 ; …}.

Les grands savants, comme Einstein, se distinguent souvent par leur capacité à regarder en face les faits gênants qu'un autre préférera éviter. Dans le cas de la théorie des ensembles, c'est encore un chercheur allemand, Georg Cantor, qui a dégagé une voie nouvelle dans le monde étrange de l'infini.

$$2^{\aleph_0} = \aleph_1$$

Le symbole $\aleph_0$ désigne la « grandeur » ou le cardinal du plus petit des ensembles infinis (les entiers). Le symbole $\aleph_1$ désigne le cardinal du plus petit ensemble suivant. Cette formule pose pour hypothèse que l'ensemble des nombres réels est le plus petit des ensembles après celui des entiers.

Pour comprendre les travaux de Cantor, il faut d'abord s'accorder sur ce que nous entendons par « grandeur », « taille » ou cardinalité d'un ensemble. Cantor approcha la question de manière comparative en proposant la règle suivante : deux ensembles A et B ont même cardinalité s'il existe une correspondance bijective entre A et B, c'est-à-dire si chaque élément de A peut être associé à un unique élément de B et réciproquement.

Pour donner un exemple, imaginons avec David Hilbert que A désigne l'ensemble des chambres d'un hôtel et B un ensemble de clients désirant une chambre. En bons professionnels, nous souhaitons remplir notre hôtel tout en veillant à ce que chaque client bénéficie d'une chambre séparée. Si cette opération est possible, alors le « nombre de clients » est identique au « nombre de chambres ».

Supposons maintenant que l'hôtel dispose d'un nombre infini de chambres, toutes numérotées 1, 2, 3, etc. Si un ensemble infini de clients se présente et que nous trouvons une chambre pour chacun d'eux, l'ensemble est dit (infini) « dénombrable ». Nous sommes désormais en mesure d'énumérer certaines des étonnantes propriétés que Cantor a découvertes à propos de ces ensembles.

1. Ajouter un élément à un ensemble dénombrable ne modifie pas sa taille ! Imaginons par exemple que nous ayons rempli notre hôtel infini, et qu'un nouveau client se présente. Nul besoin de l'éconduire ! Il suffit de placer le client

de la chambre 1 dans la chambre 2, le client de la chambre 2 dans la chambre 3, et ainsi de suite. La chambre 1 est alors libre pour le nouveau venu.

2. Deux ensembles dénombrables se réunissent en un ensemble de même taille. Supposons en effet que l'hôtel soit occupé par une infinité dénombrable de clients, et que débarque soudain une seconde infinité dénombrable de clients. Toujours pas de problème pour héberger tout le monde ! Il suffit que le client de la chambre 1 saute dans la chambre 2, le client de la chambre 2 saute dans la chambre 4, le client de la chambre 3 dans la chambre 6 et ainsi de suite. Les chambres 1, 3, 5, etc. sont désormais prêtes à accueillir la seconde infinité d'occupants.

3. De la même façon, l'union d'une infinité dénombrable d'ensembles infiniment dénombrables est encore dénombrable. La démonstration est un peu plus compliquée à formuler, mais elle repose sur une idée simple (*cf.* ci-dessous).

Certes, tous ces résultats vont quelque peu à rebours du sens commun. Mais la chose ne devrait plus nous surprendre outre mesure. Après tout, les physiciens ont eux aussi abandonné leur bon sens quand ils ont rencontré le monde étrange des quanta.

À LA SUITE DE cette approche comparative, Cantor s'attacha à dégager la notion de taille absolue d'un ensemble, par le biais des « cardinaux ». Le cas des ensembles finis se traite très simplement : un ensemble à un élément est de cardinal 1, un ensemble à deux éléments est de cardinal 2, et ainsi de suite. Cantor a ensuite proposé de désigner le cardinal des ensembles infinis dénombrables par $\aleph_0$ (« aleph-zéro »).

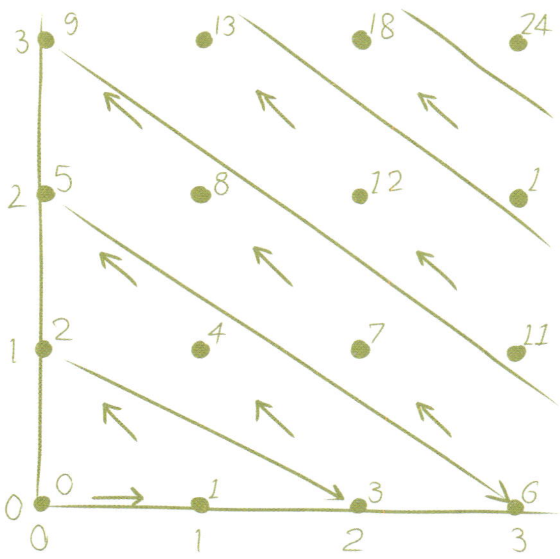

← Une collection infiniment dénombrable d'ensembles dénombrables (représentée ici comme une grille de points infinie) est encore dénombrable. Les flèches montrent comment remplacer la grille par une suite linéaire.

À ce stade, je n'ai pas encore produit d'ensembles de cardinal supérieur à $\aleph_0$. De fait, les trois exemples que j'ai présentés plus haut montrent que $\aleph_0 + 1 = \aleph_0$, $\aleph_0 + \aleph_0 = \aleph_0$ et $\aleph_0 \cdot \aleph_0 = \aleph_0$. Cantor prouva cependant que l'ensemble des nombres réels est de cardinalité plus grande, c'est-à-dire que les nombres réels ne peuvent pas tous loger dans notre hôtel dénombrable. Sa démonstration, qui utilise un argument dit de la « diagonale de Cantor », constitue l'une des avancées les plus originales et les plus fondamentales de toutes les mathématiques modernes. Elle est pourtant suffisamment courte pour être exposée en une page.

Supposons que j'essaie d'assigner une chambre à chaque nombre réel compris entre 0 et 1, et disons même que la liste commence ainsi :

Chambre 1 : 0,**1**415926… (partie décimale de π)

Chambre 2 : 0,7**1**82818… (partie décimale du nombre d'Euler *e*)

Chambre 3 : 0,41**4**2135… (partie décimale de √2)

Chambre 4 : 0,500**0**000…

Chambre 5 : 0,1011**0**01… (une chaîne aléatoire de 0 et de 1 – je commence à manquer d'idée !)

Notons que la première décimale du premier nombre est marquée en gras, de même que la deuxième décimale du deuxième nombre, et ainsi de suite. Imaginons maintenant que Cantor arrive et me demande : « Dans quelle chambre se trouve le nombre 0,**22511**… »

La manière dont Cantor a construit ce nombre se devine aisément : il a simplement pris les nombres en gras et ajouté 1. (S'il avait rencontré le chiffre 9, il l'aurait changé en 0.) Le nombre de Cantor ne peut pas loger dans la chambre 1 puisqu'il diffère de celui qui l'occupe par la première décimale ; il ne peut pas loger dans la chambre 2 puisqu'il diffère de celui qui l'occupe par la deuxième décimale. En fait, pour la même raison, il ne peut se trouver dans aucune chambre de l'hôtel. L'assignation des chambres est donc incomplète ! Et, plus important, Cantor pourra présenter le même argument à toute assignation que je lui proposerai. Il n'existe donc aucun moyen d'affecter les réels entre 0 et 1 dans l'hôtel (et encore moins, bien sûr, la totalité des nombres réels)[14].

---

[14] L'argument pèche légèrement du fait que certains nombres réels admettent deux représentations décimales, par exemple 0,499… = 0,500… Cette version présente l'avantage de se comprendre facilement. Une version plus complète demanderait un peu plus de travail sans toutefois, me semble-t-il, éclairer davantage.

Cantor découvrit aussi un autre moyen, plus général, de produire des cardinalités plus hautes, et ce moyen passe par l'ensemble des parties d'un ensemble, c'est-à-dire l'ensemble de tous ses sous-ensembles.

Par exemple, si E désigne un ensemble à un élément, disons $\{1\}$, alors il admet deux sous-ensembles, et plus précisément l'ensemble vide Ø et l'ensemble $\{1\}$ lui-même. L'ensemble des parties de E contient donc deux éléments.

De même, si E désigne un ensemble à deux éléments, disons $\{1 ; 2\}$, alors il admet quatre sous-ensembles, et plus précisément l'ensemble vide Ø, l'ensemble $\{1\}$, l'ensemble $\{2\}$ et l'ensemble $\{1 ; 2\}$. L'ensemble de ses parties contient donc quatre éléments. Notons au passage que $4 = 2^2$.

Si E est un ensemble à trois éléments, on vérifiera facilement par la figure ci-contre que l'ensemble de ses parties contient huit éléments. Et bien entendu, $8 = 2^3$.

À ce stade, une règle semble claire : l'ensemble des parties d'un ensemble E de cardinal n contient toujours plus d'éléments que E, et son cardinal vaut plus précisément 2^n. Pour cette raison, d'ailleurs, cet ensemble des parties de E est aussi nommé *puissance de E*.

En modifiant légèrement l'argument de la diagonale, Cantor parvint à étendre ce résultat aux ensembles infinis : le cardinal de l'ensemble des parties de E est toujours strictement supérieur au cardinal de E. Il n'existe donc pas un plus grand cardinal. Les cardinaux infinis forment une immense tour dont nous ne voyons pas le bout.

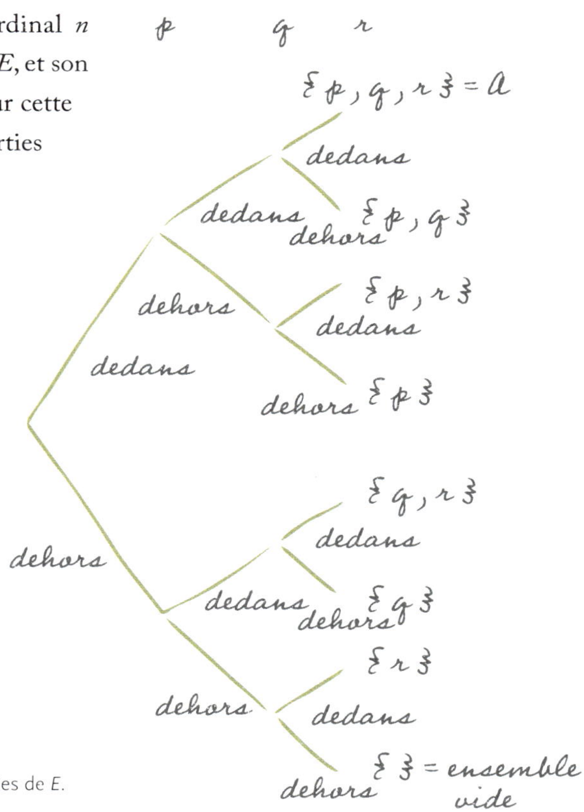

→ Le diagramme en arbre de l'ensemble des parties de E.

À défaut d'en atteindre le sommet, peut-on espérer grimper au premier étage ? Nous savons que le plus petit des nombres cardinaux infinis est $\aleph_0$, le cardinal de l'ensemble des entiers. Nous savons aussi que le cardinal de l'ensemble des nombres réels, c, est plus grand que $\aleph_0$, bien que nous ignorions à quel point. Nous savons enfin que le cardinal de l'ensemble des parties des entiers, que par analogie avec les ensembles finis nous pouvons noter $2^{\aleph_0}$, est lui aussi plus grand que $\aleph_0$.

Cantor pose maintenant cette question : quel est le cardinal qui suit $\aleph_0$? Est-ce c ? Est-ce $2^{\aleph_0}$? Il répondit partiellement à la question en montrant que $c = 2^{\aleph_0}$. En d'autres termes, le « continuum » ou le « continu » et l'ensemble des parties des entiers sont de même taille. Mais existe-t-il un cardinal compris $\aleph_0$ et $2^{\aleph_0}$, c'est-à-dire un ensemble un peu plus « rempli » que celui des entiers, mais pas tout à fait aussi « plein » que celui des réels ? Cantor penchait pour la négative. Le cardinal qui suit $\aleph_0$, noté $\aleph_1$, serait donc $2^{\aleph_0}$. Comme ce livre traite d'équations, présentons « l'hypothèse du continu » sous cette forme : $2^{\aleph_0} = \aleph_1$.

CANTOR NE VÉCUT PAS ASSEZ pour connaître la réponse à sa question. Il passa les dernières années de sa vie en asile psychiatrique et mourut en 1918. Il faut résister à la facilité d'associer sa « folie » au manque d'acceptation de ses idées : la dépression est une maladie trop complexe pour se laisser réduire à un argument aussi simple. Mais il est certain que ses travaux reçurent un accueil inégal. Certains mathématiciens de l'époque, comme Leopold Kronecker, les rejetèrent en termes cinglants, tandis que d'autres, à l'instar de David Hilbert, se les appropriaient avec délectation : « Nul ne doit nous exclure du paradis de Cantor ! »

En 1900, quand ce même Hilbert présenta les 23 problèmes mathématiques les plus importants du siècle qui s'ouvrait, il classa l'hypothèse du continu en tête de liste. Avec le temps, il s'avéra que la question était inextricablement liée à celle qu'il avait inscrite en deuxième position : le problème de la cohérence des mathématiques.

Au début du XXe siècle, les mathématiques connurent en effet une crise des fondements. Et il semble que la chose se reproduise régulièrement. La découverte des nombres irrationnels, par exemple, avait conduit les Grecs à

se tourner vers la géométrie plutôt que vers l'arithmétique. La découverte du calcul différentiel et intégral, par la manipulation des quantités infinitésimales et infinies qu'il supposait, avait également provoqué un vif débat. Les mathématiciens avaient alors rejeté l'infini « actuel », ou « achevé », comme en atteste la citation de Gauss reproduite au début de ce chapitre, et reformulé la théorie en se servant du seul infini « potentiel ».

↑ L'idée de profondeur infinie représentée par une structure mécanique (art conceptuel).

Le travail de Cantor déboucha donc sur une autre crise. D'abord, Cantor lui-même comprit qu'un ensemble du type « ensemble de tous les ensembles » ne pouvait exister. Dans le cas contraire, en effet, son cardinal serait maximal. En 1901, le philosophe Bertrand Russell exhiba un paradoxe encore plus simple : soit R l'ensemble de tous les ensembles qui ne se contiennent pas eux-mêmes. Est-ce que R se contient lui-même ?

Supposons que ce soit le cas. Alors R est un ensemble qui se contient lui-même, donc qui n'est pas élément de R, car R contient seulement les ensembles qui *ne se contiennent pas* eux-mêmes. Mais cela signifie que R n'est pas un élément de R – ce qui contredit notre hypothèse que R se contient lui-même.

Ces exemples montrèrent aux mathématiciens qu'ils ne pouvaient pas traduire librement ce qui se décrit par des mots. La « théorie naïve des ensembles » ne fonctionnait pas. Il devait donc exister des règles qui gouvernent ce qui est permis et ce qui ne l'est pas en théorie des ensembles.

En 1908, Ernst Zermelo dressa une liste de sept axiomes sur laquelle se formulait une théorie des ensembles affranchie des paradoxes de Cantor et de Russel. Ce système, modifié ultérieurement par Abraham Fraenkel, qui porta à neuf le nombre d'axiomes, fut adopté par la vaste majorité des mathématiciens en exercice.

Fort de ces nouveaux développements, le deuxième problème de Hilbert fut réinterprété ainsi : prouver la cohérence de la théorie des ensembles de Zermelo-Fraenkel (ZF). Si un tel résultat était obtenu, les deux mathématiciens pourraient dormir sur leurs deux oreilles, bien à l'abri de paradoxes qu'ils n'auraient pas envisagés.

En 1928, Hilbert se montrait optimiste quant à la résolution du problème à plus ou moins court terme. Mais dans les deux ans qui suivirent, l'affaire prit un tour inattendu.

HILBERT AVAIT DÉVELOPPÉ une vision des mathématiques – dite « formaliste » – qui, avec le recul, paraît quelque peu étrange. Pour lui, tout se réduisait essentiellement à un jeu de symboles dénués de signification intrinsèque. Un énoncé composé avec ces symboles était soit vrai soit faux et, dans le premier cas, prouvé à partir de l'ensemble des axiomes. (En d'autres termes, les mathématiques formaient un système *complet*.) Au bout du compte, il devait être impossible de prouver qu'un énoncé était vrai et faux à la fois : les mathématiques étaient *cohérentes* (ou consistantes).

Heureusement que la vision de Hilbert se révéla viciée, car il proposait au fond de sauver les mathématiques en les tuant. Si les mathématiques se vident de tout sens, elles se vident du même coup (c'est mon opinion) de toute beauté. Si les mathématiciens croyaient vraiment qu'ils se contentent d'aligner des symboles, je pense qu'ils seraient nombreux à chercher une autre occupation.

Celui qui tira les mathématiques de cette conception étriquée se nomme Kurt Gödel. En 1930, ce jeune logicien autrichien, né en 1906 à Brno (aujourd'hui en République tchèque), prouva que tout système axiomatique à partir duquel se déduisent au moins les règles usuelles de l'arithmétique contient des énoncés simultanément *vrais* et *indémontrables*. En d'autres termes, les mathématiques sont incomplètes. Très peu de temps après ce premier résultat, Gödel en prouva un second, plus spécifique : la cohérence du système axiomatique lui-même est indémontrable.

COMMENT PROUVER un tel théorème d'incomplétude ? La démarche de Gödel repose sur deux idées fortes. La première remonte à un paradoxe très ancien, le paradoxe du menteur, qui s'énonce ainsi : « Cette proposition est fausse. » Soit l'affirmation est vraie, et elle proclame sa fausseté ; soit elle est fausse, et elle dit vrai. Nous nous retrouvons donc embourbés dans le même type de cercle vicieux autoréférent que celui pointé par le paradoxe de Russell.

↓ Le mathématicien et logicien austro-américain Kurt Gödel (1906-1978).

La version du paradoxe du menteur de Gödel se formule de la manière suivante : « Cette proposition est indémontrable. » Soit l'affirmation est vraie, et elle ne peut être prouvée ; soit elle fausse, et elle est à la fois fausse *et* démontrable, ce qui signifie que notre système d'axiomes est incohérent. En tenant pour acquise la cohérence de la théorie ZF, cette seconde possibilité est éliminée, si bien que la phrase de Gödel est vraie et indémontrable.

À ce stade, les mathématiques ne sont pas encore vraiment entrées en jeu. La seconde idée de Gödel, et la plus ingénieuse, est d'avoir su convertir un énoncé du type « cette proposition est indémontrable » en énoncé mathématique sur les nombres. Tout système axiomatique, remarqua Gödel, compte seulement $\aleph_0$ propositions possibles. C'est doublement vrai puisque nous n'utilisons qu'un alphabet formé d'un nombre fini de symboles, et une liste dénombrable de longueurs de propositions possibles. Toute proposition – vraie, fausse, démontrable, indémontrable ou même totalement absurde – peut donc être associée à un nombre unique.

Imaginons maintenant que nous disposions d'une liste L de tous les nombres correspondant aux propositions démontrables. L'affirmation selon laquelle « telle proposition est indémontrable » se réduit maintenant à une proposition mathématique du type « tel nombre n'appartient pas à l'ensemble L ». Gödel utilisa ensuite une variante de l'argument de la diagonale de Cantor pour montrer qu'une de ces propositions au moins ne se trouve pas dans la liste des éléments démontrables. Cette proposition particulière est donc à la fois vraie et indémontrable.

La preuve de Gödel ne se laisse pas approcher du premier coup – il est facile de se perdre entre les différents niveaux d'autoréférence. Elle est intrinsèquement liée à la diagonale de Cantor et à la nature contre-intuitive des cardinalités infinies. On s'attendrait à ce qu'il y ait davantage de propositions à propos des entiers que d'entiers. Mais ce n'est pas le cas. Chaque proposition se laisse elle-même coder par un entier, de sorte qu'une proposition métamathématique se transforme en proposition mathématique, ce qui présente certes un aspect un peu magique.

Je vois ce théorème d'incomplétude de Gödel comme un pendant du principe d'incertitude d'Heisenberg – il est impossible de mesurer simultanément avec précision la vitesse et la quantité de mouvement d'une particule. Ces deux résultats circonscrivent les limites des connaissances accessibles à l'esprit humain – l'un en mathématiques, le second en physique. Ils furent découverts à la même époque, à moins de dix ans d'écart. Alors que l'homme du XIXe siècle croyait en un perfectionnement du savoir toujours croissant, l'homme du XXe siècle a pris conscience de ses limites.

Si les répercussions du théorème de Gödel ont été colossales en philosophie, elles ont curieusement évolué en mathématiques. D'une certaine façon, les mathématiciens ont haussé les épaules et continué leur chemin comme si de rien n'était. Ce théorème ressemble à la météorite qui a tué les dinosaures : il a détruit certaines idées fausses sur les mathématiques, mais le cratère béant qu'il a laissé est aujourd'hui presque impossible à détecter.

Pourquoi si peu d'influence ? Une raison tient, je pense, à ce que les propositions indémontrables de Gödel sont très artificielles. Un énoncé posé en mots comme « les mathématiques sont cohérentes » ne signifie rien après sa conversion en nombres. Gödel n'a pas exhibé une proposition indémontrable au contenu mathématique réel – une proposition dont un mathématicien pourrait se soucier.

C'est alors que nous retrouvons l'hypothèse du continu de Cantor. Existe-t-il un ensemble plus grand que les entiers mais plus petit que les réels ? Il s'agit d'une question naturelle, qui parle à notre intuition, une question dont un mathématicien se soucierait certainement. Et c'est une question indécidable. Gödel prouva en 1940 que l'hypothèse du continu *ne peut pas être réfutée* à partir des axiomes ZF de la théorie des ensembles. En 1963, un logicien américain nommé Paul Cohen boucla la boucle en montrant que l'hypothèse du continu ne pouvait pas non plus être *prouvée* à partir des axiomes ZF. En d'autres termes, cette proposition est logiquement indépendante des autres axiomes de la théorie des ensembles. Nous pouvons la supposer vraie ou fausse. Ni l'hypothèse du continu ni sa négation n'introduisent de nouveaux paradoxes.

LES ARGUMENTS DE GÖDEL ET DE COHEN passent par une modélisation de la théorie des ensembles que je n'exposerai pas en détail. Gödel restreint l'univers des ensembles possibles à ce qu'il appelle des « ensembles constructibles », et il montre que l'hypothèse du continu est vraie dans ce cadre. En supposant que les axiomes ZF sont cohérents, il est donc impossible de réfuter l'hypothèse du continu. Cohen, de son côté, trouva un moyen d'étendre l'univers des ensembles possibles au-delà du modèle minimal autorisé par les axiomes ZF. Comme elle demande la création de nouveaux ensembles, la démonstration de Cohen est plus difficile que celle de Gödel. Mais il s'agit en somme de forcer l'hypothèse du continu à être fausse… dans ce cadre. Ce qui ne signifie pas que l'hypothèse du continu « réelle » est fausse… Simplement qu'il est impossible de prouver l'hypothèse du continu dans tous les modèles de la théorie des ensembles ZF.

La méthode de Cohen a permis aux mathématiciens et aux logiciens de découvrir de nombreux autres énoncés indépendants des axiomes de la théorie ZF. En ce sens, son impact sur les mathématiques est plus important que celui du théorème d'incomplétude de Gödel. Ou disons que le cratère est encore frais !

L'histoire de l'hypothèse du continu s'arrête-t-elle ici ? C'est difficile à dire. Jusqu'à présent, les axiomes de la théorie ZF donnent entière satisfaction aux mathématiciens, si tant est qu'ils les connaissent. Et tant que ce sera le cas, l'hypothèse du continu conservera sans doute son statut ambigu. Mais peut-être qu'un jour les logiciens concevront un système d'axiomes que les mathématiciens préféreront au système actuel. Il faudra alors reconsidérer la question…

Après la Seconde Guerre mondiale, Gödel s'est installé à Princeton. Son comportement est devenu de plus en plus étrange au fil des années. Il croyait aux fantômes, par exemple, ou pensait que quelqu'un cherchait à l'empoisonner. Il ne mangeait donc que ce qu'il préparait lui-même, et, le temps passant, s'est pratiquement laissé mourir de faim.

Cohen n'a heureusement pas connu les troubles mentaux de Cantor ou Gödel. Né en 1934 à Brooklyn, il avait intégré en autodidacte le second cycle universitaire à 19 ans. Curieusement, il n'a jamais suivi de cours de logique. Il s'était intéressé à l'hypothèse du continu car son intuition lui disait qu'elle était fausse. (Il ne s'accordait pas avec Cantor sur ce point.)

Parfois, le regard neuf de débutant permet de se dégager d'une ornière intellectuelle. D'autres logiciens se sont emparés de la méthode que Cohen avait mise au point, et ce dernier se laissa rapidement distancer. Le mérite de la découverte lui revient pourtant entièrement, ainsi que le lui a signalé Gödel lui-même : « Vous venez d'accomplir le plus important progrès en théorie des ensembles depuis son axiomatisation. »

23
La théorie du chaos
Les équations de Lorenz

John Von Neumann, l'un des premiers grands informaticiens américains, prophétisa en 1954 que les ordinateurs du futur annonceraient la météo avec trente ou soixante jours d'avance.

Un demi-siècle et quelques années plus tard, en dépit de l'explosion de la puissance informatique, la prévision météorologique n'a connu qu'un avancement très mesuré. Un bulletin à deux jours est maintenant à peu près fiable. Un bulletin à cinq jours l'est nettement moins. Et même le plus optimiste des météorologues n'oserait rêver de prévoir un ouragan deux mois à l'avance.

Sur quoi les progrès ont-ils buté ? Le chaos.

Un système chaotique est un système qui, bien qu'obéissant à des lois déterministes – comme celles qui décrivent la circulation de l'air dans l'atmosphère –, se comporte, après un certain temps, de façon apparemment aléatoire. En théorie, si nous disposions d'une information parfaite sur un tel système, nous pourrions prédire avec exactitude son avenir. Mais la moindre imprécision dans les données s'accroît exponentiellement avec le temps, et finit par vider toute prévision de son sens.

L'ironie du sort veut que le principal outil qui ait permis aux chercheurs de dégager la notion de chaos, celle-là même qui allait s'opposer en un obstacle infranchissable à la puissance du calcul, fût précisément l'ordinateur.

$$\frac{dx}{dt} = -10x + 10y$$

$$\frac{dy}{dt} = 28x - y - xz + 10y$$

$$\frac{dz}{dt} = -\frac{8}{3}z + xy$$

L'atmosphère est ici modélisée de façon très simplifiée par des équations reliant trois variables météorologiques *x*, *y* et *z*. Ce système dynamique a joué un rôle crucial dans l'histoire de la théorie du chaos.

De ce point de vue, l'instrument a largement outrepassé les attentes de Von Neumann : loin de se contenter d'avaler des nombres, il nous a offert un nouveau regard sur le monde.

Mieux : le rêve de Von Neuman s'est brisé sur les travaux non d'un mathématicien, mais d'un météorologue, Edward Lorenz, qui modélisa le comportement hautement idéalisé de l'atmosphère par les équations présentées ci-dessus.

Prenons le temps d'y jeter un œil… Notons d'abord qu'il s'agit d'équations différentielles : elles décrivent la variation instantanée des variables (*x*, *y* et *z*) en fonction de leur valeur courante. C'est avec des équations de ce type que Newton et Laplace ont déterminé le mouvement des planètes et que les ingénieurs de la mission *Apollo* ont expédié leurs fusées vers la Lune. Et pendant des siècles, les scientifiques ont tenu pour acquis que leurs solutions étaient maniables et prévisibles.

Notons ensuite le caractère non linéaire du système. Deux équations, la deuxième et la troisième, comprennent des termes (*xz* et *xy*) qui ne sont pas des puissances premières des variables mais des produits de deux variables (ce qui les classe au rang de puissance seconde ou carré). En apparence anodin, ce détail fait ici toute la différence.

Les équations linaires régissent l'univers enchanté des manuels scolaires, où les effets sont toujours proportionnels aux causes, où le tout est exactement égal à la somme de ses parties, où une erreur minuscule sur l'une des variables restera minuscule à jamais – ou du moins sa croissance se verra-t-elle bornée par une tranquille progression linéaire. Dans un tel monde, la météo se prévoit des semaines, des mois, et même une éternité à l'avance !

MAIS LE MONDE RÉEL n'est pas linéaire… Les boucles de rétroaction amplifient les petites causes pour produire des effets gigantesques. En biologie, la non-linéarité surgit dès qu'une cellule demande à une autre (par un signal adéquat) de cesser de travailler ou au contraire d'intensifier ses efforts. En chimie, elle apparaît quand un composé catalyse une réaction qui en implique une autre. La plupart des phénomènes intéressants en science, et notamment quand une partie d'un système sert d'intermédiaire à une autre partie du système, ne sont pas linéaires.

↓ L'attracteur de Lorenz, une figure emblématique de la théorie du chaos.

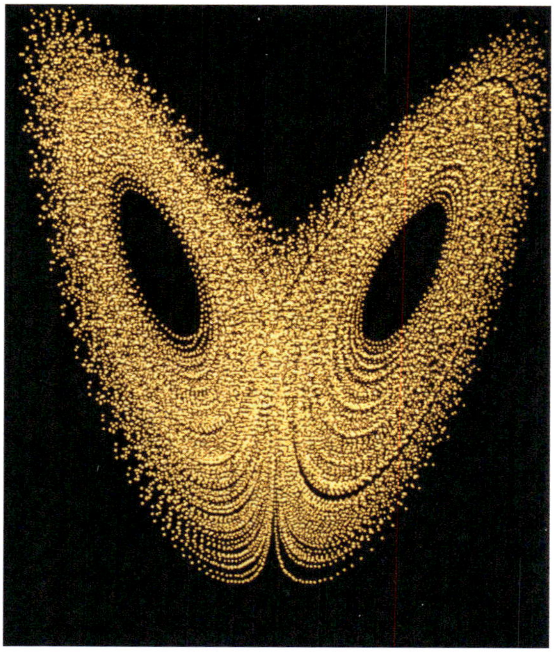

Dans les équations de Lorenz, par exemple, la variable x, par les termes xy et xz, sert d'intermédiaire dans la réponse de z à y et dans celle de y à z. La non-linéarité semble ici toutefois tellement inoffensive que tout mathématicien ou presque, il y a quelques années, se serait senti capable de résoudre ce système d'équations. Mais il lui aurait fallu déchanter.

Que représentaient les variables x, y et z pour Lorenz quand il posa ces équations en 1963 ? Son modèle décrit la convection de l'air dans un long tube rectangulaire dont la base est chauffée. L'air chaud tend à s'élever, de sorte qu'un mouvement de rouleau s'installe – l'air chaud monte d'un côté tandis qu'il descend de l'autre. Quand ces courants de convection sont trop rapides, toutefois, l'air chaud ne se refroidit plus complètement en revenant au fond du tube. Or l'air chaud n'aime pas descendre, ce qui ralentit le rouleau, l'arrête et le fait *changer de direction*. Ces renversements, qui semblent impossibles à prévoir, caractérisent la dynamique chaotique du système.

Les variables x et y mesurent respectivement l'intensité du mouvement de convection et la différence de température entre courants ascendants et descendants. Quant à la variable z, dont la signification est moins évidente, Lorenz écrit qu'elle « est proportionnelle à l'écart du profil de température vertical par rapport à un profil linéaire, une valeur positive indiquant que les gradients les plus forts se situent près des bords ».

Lorsque les variables x, y et z sont représentées en fonction du temps, presque tout point initial finira par s'approcher d'une structure complexe dont la forme globale rappelle celle d'un papillon (voir ci-contre). Les deux « ailes » correspondent aux deux directions de rotation des courants de convection. Un point typique se dirigera vers le centre d'une aile avant d'entamer un mouvement en spirale dirigé vers l'extérieur qui, au bout d'un certain nombre de tours, le fera déborder dans la zone trouble, correspondant au « corps » du papillon, puis émerger sur l'autre aile, prêt pour un nouveau mouvement en spirale.

Un point initial légèrement différent adoptera une trajectoire identique pendant un certain temps. Tous deux pourront faire cinq tours dans l'aile gauche, par exemple, puis trois dans l'aile droite. Mais les trajectoires vont peu à peu se séparer, jusqu'au moment où l'une quittera l'aile avant l'autre. Dès lors, elles mèneront à jamais leur vie propre... Les difficultés inhérentes à la prévision météorologique se visualisent très bien dans ce cadre. Pensons à « aile gauche » comme « ensoleillé » et « aile droite » comme « pluvieux ». Si la première trajectoire représente la météo réelle et la seconde la météo prévue à partir de conditions initiales – forcément – légèrement différentes, toutes deux s'accorderont sans doute pendant une poignée de jours mais finiront par ne plus rien avoir en commun.

Pour en terminer avec les détails du modèle de Lorenz, touchons un mot des constantes apparemment arbitraires 10, 28 et $8/3$. Il s'agit en fait de valeurs de « paramètres » qui, en variant, provoquent de puissants effets sur la forme des solutions. Il suffit de remplacer par exemple le nombre 28 par 24 (ou par tout nombre inférieur à 24,8 environ) pour faire disparaître toute trace de chaos. Les courants de convection ne sont alors plus suffisamment excitables. Quel que soit l'état initial, les rouleaux finiront par tourner en régime stable, soit dans un sens, soit dans l'autre. Le système devient alors parfaitement prévisible. La non-linéarité ne garantit donc pas le chaos ; elle ouvre seulement la porte à sa manifestation. Le point de basculement dépend souvent de paramètres impossibles à observer.

En un court article, et même s'il ne les a pas nommées, Lorenz a identifié la plupart des caractéristiques du chaos : la dépendance sensible (ou sensitive) aux conditions initiales, c'est-à-dire le fameux « effet papillon[15] » ; un comportement à long terme contrôlé par une (belle) structure géométrique de complexité infinie, baptisée par la suite « attracteur étrange » ; des paramètres qui dirigent (ou non) le système vers le chaos ; et une dynamique certes non linéaire mais complètement déterministe.

L'importance de l'article de Lorenz n'a pas été immédiatement perçue. Il est vrai qu'il a été publié dans un journal spécialisé, seulement lu par les météorologues. Mais les mêmes observations se sont répétées dans des disciplines différentes. Michel Hénon, un astronome, découvrit du chaos dans les équations qui régissent les orbites stellaires autour du centre des galaxies. David Ruelle, un physicien, travaillant de concert avec le mathématicien Floris Takens, découvrit du chaos dans un fluide turbulent. Robert May, un biologiste, dénicha du chaos dans un système très simple : une équation à une variable qui avait été utilisée pendant des années pour modéliser la dynamique de populations en compétition.

Chacun de ces pionniers connut d'abord l'isolement et l'incrédulité des autres chercheurs. Un collègue de Lorenz, Willem Malkus, se souvient dans *La Théorie du chaos*, l'ouvrage à succès de James Gleick, de ce qu'il a rétorqué à Lorenz, quand ce dernier lui avait présenté ses résultats : « Ed, nous *savons* – nous savons très bien – que la convection dans les fluides ne se comporte pas du tout comme cela. »

---

[15] Ce nom vient du titre d'un article de Lorenz, présenté en 1972, intitulé « Predictability: Does the Flap of a Butterfly's Wings in Brazil Set Off a Tornado in Texas ? » (« Prévisibilité : le battement d'aile d'un papillon au Brésil peut-il déclencher une tornade au Texas ? »).

L'incrédulité s'impose sans doute naturellement face à une découverte qui ne s'accorde pas au paradigme ambiant. Dans le cas du chaos, des raisons spécifiques expliquent aussi pourquoi les mathématiciens et les autres scientifiques sont restés aveugles si longtemps. Quand un enseignant donne un cours sur les équations différentielles, il se concentre d'abord sur les cas les plus simples et les plus compréhensibles. Les étudiants apprennent en premier lieu à résoudre les équations linaires. Ensuite, ils passeront à un système simple à deux variables, qu'ils linéariseront au voisinage d'un point fixe, pour décrire le comportement des solutions autour de ce point. Puis ils envisageront un nombre plus élevé de variables… Mais ils se concentreront toujours sur les équations explicitement résolubles, pour lesquelles la solution $x(t)$ est donnée par une formule exacte.

TOUTES CES HYPOTHÈSES simplificatrices sont du reste parfaitement compréhensibles, surtout la dernière. Après tout, résoudre les équations fait partie du travail du mathématicien… ou plutôt *faisait partie* du travail du mathématicien aux temps préchaotiques. Et ces hypothèses poussent à l'aveuglement. Car le chaos ne se produit pas dans un système linéaire ; il ne se produit pas dans un système à temps continu à moins de trois variables[16] ; et il ne se produit pas non plus dans un système dont la solution s'écrit par une formule classique.

Tout se passe comme si les mathématiciens avaient planté devant toutes les routes conduisant au chaos un panneau « Danger ! Défense d'entrer ! » Les chercheurs d'autres disciplines – biologistes, physiciens, météorologues – n'étaient jamais allés au-delà de ces panneaux, aussi, quand ils l'ont rencontré, le chaos leur a d'abord paru *terra incognita*.

Mais quelques mathématiciens s'étaient aventurés dans la zone interdite. Et le premier d'entre eux, unanimement reconnu par les spécialistes, fut Henri Poincaré. Ce grand mathématicien français de la seconde moitié du XIXe siècle participa, en 1887, à un concours international organisé en l'honneur du roi de Suède. Il s'agissait de trouver une solution au problème

---

[16] Dans les systèmes à temps discret, comme dans l'équation de May qui décrit les variations de populations d'une espèce d'une année sur l'autre, le chaos est possible avec une seule variable.

des trois corps, c'est-à-dire de formuler explicitement les trajectoires de trois planètes s'attirant mutuellement. Isaac Newton, bien sûr, avait résolu le problème pour deux corps, mais les mathématiciens rageaient de ne pas avoir su traiter un corps de plus depuis lors.

Poincaré gagna le prix même s'il ne résolut pas le problème. En fait, il pensa l'avoir résolu, mais il découvrit une erreur au moment de publier son manuscrit. Il avait supposé que de petites perturbations dans le mouvement des planètes produiraient de petits effets. En étudiant plus attentivement une application dite « de premier retour », il comprit que ce n'était pas le cas. Il a donc clairement découvert la première caractéristique du chaos, à savoir la dépendance sensible aux conditions initiales. De façon plus obscure, il pressentit aussi son deuxième signe distinctif : l'attracteur étrange. Dans le passage suivant, rédigé en 1899, où il décrit la trajectoire des planètes dans l'espace des phases, on ne peut s'empêcher de songer à l'attracteur de Lorenz : « Ces intersections forment une sorte de treillis, de tissu, de réseau à mailles infiniment serrées ; chacune de ces courbes ne doit jamais se recouper elle-même, mais elle doit se replier sur elle-même d'une manière très complexe pour venir couper une infinité de fois toutes les mailles du réseau. On sera frappé par la complexité de cette figure, que je ne cherche même pas à tracer. »

→ Image fractale représentant une partie de l'ensemble de Mandelbrot. La géométrie fractale est liée à la théorie du chaos, l'étude des systèmes dynamiques imprévisibles.

Les mathématiciens auraient donc pu découvrir le chaos en 1893, à la parution de livre de Poincaré. Mais ils ont manqué cette opportunité. Probablement n'étaient-ils pas prêts…

À leur décharge, notons aussi que les mathématiciens ne disposaient pas encore d'ordinateurs et qu'ils devaient se contenter de la vague description fournie par Poincaré. L'avènement de l'informatique a permis de dévoiler les attracteurs dans toute leur splendeur. Les chercheurs comme Lorenz et Hénon, qui n'étaient pas des mathématiciens professionnels, qui ne connaissaient sans doute pas le travail de Poincaré, ne pouvaient rester aveugles aux images qui se formaient devant les yeux.

DE 1893 AUX ANNÉES 1970, en ordre dispersé, les mathématiciens ont commencé à repérer quelques-unes des caractéristiques du chaos. À peu

près à la même époque que Poincaré, mais en Russie, Alexandre Liapounov a défini les exposants qui portent aujourd'hui son nom et qui mesurent la tendance des orbites voisines à diverger les unes des autres. Entre 1930 et 1940, en Angleterre, Mary Cartwright et John Littlewood ont étudié l'équation de Van der Pol, une équation non-linéaire importante en électronique, dont ils remarquèrent « la structure spectaculairement fine des solutions ». Dans les années 1960, Steven Smale, un mathématicien américain farouchement opposé à la guerre du Vietnam, décrivit un phénomène topologique très général qui assure au système un ensemble limite très complexe. Du même coup, il montrait que le chaos est une propriété générique qui existe sur une large gamme de valeurs des paramètres. Finalement, c'est Benoît Mandelbrot qui, par un tout autre cheminement, attira l'attention du monde sur l'omniprésence des « fractales » dans la nature. L'attracteur de Lorenz, avec une dimension fractionnaire d'environ 2,07, constitue un parfait exemple de ce type d'objets, caractérisés par le fait qu'une petite région agrandie reste finement semblable à la région de départ.

LA GRANDE SYNTHÈSE se produisit dans les années 1970. Les chercheurs isolés qui sur leur route avaient rencontré le chaos commencèrent à se retrouver les uns les autres. En 1975, ce champ de recherche trouva son petit nom dans un article de Tien-Yien Li et James York intitulé « Period Three Implies Chaos » (« Période trois implique chaos »). Les deux auteurs y montraient qu'un système dynamique discret à une variable, comme celui étudié par May, qui renvoyait un point sur lui-même après trois itérations, était nécessairement chaotique. Un mathématicien ukrainien, Alexandre Sharkovsky, avait en fait prouvé un résultat plus général onze ans plus tôt, mais il était passé inaperçu à l'Ouest en raison du rideau de fer. L'article de Sharkovsky fut finalement traduit en 1995, et le théorème porte désormais son nom. Li et York eurent toutefois l'honneur de baptiser la « théorie du chaos ».

Le lancement en 1990 et 1991 de trois grands journaux spécialisés sur le sujet marque sans doute le haut de la vague. Deux décennies plus tard, l'excitation paraît légèrement retombée. En fait, j'ai même lu dans une récente synthèse historique qu'en « tant que site unifié de convergence sociale, la "science" du chaos n'existe plus ».

Je trouve l'enterrement un peu précipité ! De nombreuses découvertes intéressantes ont ainsi été effectuées depuis 1990, et celle du chaos synchronisé est peut-être la plus surprenante. On s'attendrait à ce que deux oscillateurs au comportement apparemment aléatoires soient impossibles à synchroniser. Et pourtant, il s'avère qu'en injectant l'une des trois variables d'un oscillateur de Lorenz (ou de tout autre système chaotique) dans un autre oscillateur de Lorenz, les deux autres variables du second oscillateur se caleront sur celles du premier. Le phénomène pourrait expliquer la manière dont les cellules biologiques, comme les neurones, se synchronisent entre elles.

Des formes limitées de « chaos quantique » ont également été découvertes. Les équations de la mécanique quantique ont longtemps résisté au chaos du fait de leur linéarité. Cette linéarité est une bonne chose, car elle assure la stabilité des électrons, des protons et des neutrons qui constituent la matière. Mais quelque part à la « limite quasi classique », un *no man's land* entre le monde macroscopique et le monde quantique, le chaos a fait une apparition remarquée, en cours d'étude.

Et il reste encore un gros travail à effectuer pour comprendre la turbulence des fluides. En la matière, le chaos ne marque pas la fin de l'histoire mais son commencement. Grâce aux exposants de Lyapounov, les chercheurs trouvent des structures invisibles qui orchestrent le mouvement des fluides. Ils distinguent où le flot est chaotique et où il ne l'est pas. Ils peuvent ensuite tracer, par exemple, les lignes de séparation invisibles entre les eaux du golfe du Mexique qui s'échapperont dans l'Atlantique et les autres. Ce type de méthode a été utilisé pour prédire la dynamique d'une marée noire en 2010.

Je pense donc qu'il est juste de dire que la *notion* de chaos est encore bien vivante, et qu'elle le restera éternellement. La *discipline* du chaos est elle aussi bien vivante, mais peut-être un peu passée de mode. À terme, elle intégrera probablement un champ à la nomenclature plus traditionnelle, comme celui des « systèmes dynamiques » ou des « équations différentielles non linéaires ».

24
Dompter le tigre
L'équation de Black et Scholes

En 2003, l'illusionniste Roy Horn, membre du fameux duo Siegfried et Roy, fut mordu au cou par un tigre lors d'un numéro. Il survécut de justesse mais sa carrière fut brisée. Les tigres restent des tigres, quand bien même l'immense maîtrise technique des deux artistes tendait à le faire oublier au public. Ainsi que Neil Strauss l'a résumé dans le *New York Times* : « Le danger, toujours présent, n'était plus perçu comme tel. »

Un discours similaire pourrait être tenu à propos de l'équation de Black et Scholes. Publiée en 1973 par Fisher Black et le futur lauréat du prix Nobel Myron Scholes (avec la collaboration non négligeable de Robert Merton, autre futur prix Nobel), elle paraît évacuer les risques inhérents à l'investissement. Et de fait, elle a favorisé une croissance explosive du marché des produits financiers dit dérivés – essentiellement des paris sur le comportement de certains actifs, comme des actions ou des obligations[17].

Tout comme le public de Siegfried et Roy, Wall Street se laissa éblouir par la virtuosité avec laquelle une nouvelle génération de traders – les « quants », les analystes quantitatifs – maniait l'équation de Black et Scholes. Le danger,

[17] Par commodité, je supposerai dans le reste du chapitre avoir affaire à des options d'achat sur actions, même si ce type de produit dérivé n'est pas le plus commun.

$$\frac{\partial \mathcal{V}}{\partial t} + \frac{1}{2}\sigma^2 \mathcal{S}^2 \frac{\partial^2 \mathcal{V}}{\partial \mathcal{S}^2} + r\mathcal{S}\frac{\partial \mathcal{V}}{\partial \mathcal{S}} = r\mathcal{V}$$

La lettre $\mathcal{V}$ désigne la valeur d'une option d'achat, et la lettre $\mathcal{S}$ le prix de l'actif sous-jacent – disons une action – à maturité. Les lettres r et σ désignent le taux d'intérêt et la volatilité de l'action. L'équation donne aux économistes l'impression trompeuse de gérer le risque selon des lois objectives, comparables à celles qui gouvernent la physique.

ou plutôt le « risque », comme l'appellent les ingénieurs financiers, semblait maîtrisé.

Mais les tigres restent les tigres, et les marchés financiers restent des marchés financiers. Le marché ne s'est pas seulement retourné une fois contre ceux qui croyaient désormais le maîtriser, mais trois fois : en 1987, 1998 et 2007. Il n'y a pas eu de morts, mais des carrières ont été ruinées et des fortunes perdues. La crise du crédit de 2007 et 2008, en particulier, a débouché sur la récession la plus terrible qu'ait connue l'Amérique depuis la Grande Dépression des années 1930.

Certains ont tenté de rejeter la responsabilité du marasme sur les mathématiques ou sur les quants. Un article paru en 2009 dans *Wired*, entre autres, évoque « la formule qui a tué Wall Street ». Mais avant de pouvoir juger, il faut comprendre le travail accompli par Black, Scholes et Merton.

Partons d'un exemple extrêmement simplifié de produit dérivé. Supposons que le prix d'une action de la compagnie pétrolière « Pauvres-de-nous » vaille aujourd'hui 100 dollars. Supposons que vous sachiez que l'action a une chance sur deux de monter demain à 101 dollars, et une chance sur deux de baisser à 99 dollars. Étonnamment, il est possible d'utiliser cette seule information pour garantir un profit de 50 cents par action.

Pour cela, il faut d'abord appeler notre courtier et lui demander une option d'achat sur deux actions Pauvres-de-nous à 100 dollars demain chacune. L'opération paraît raisonnable, n'est-ce pas ? Après tout, il y a autant de chances que le prix soit au-dessus ou au-dessous de 100 dollars. (*Nota bene* : si votre courtier opine, sachez qu'il va bientôt faire faillite, mais je vais y venir.)

Une fois munis de notre option, nous la couvrons en empruntant une action Pauvres-de-nous à notre ami Robert et en la vendant 100 dollars. Le lendemain, il y a une chance sur deux pour que l'action ait baissé à 99 dollars. Dans ce cas, nous laissons l'option expirer sans la faire jouer, et nous achetons une action 99 dollars que nous retournons à Robert. Bénéfice : un dollar. D'un autre côté, si le cours de l'action monte à 101 dollars, nous exerçons notre option en achetant deux actions à 100 dollars l'unité. Nous en retournons une à Robert, et vendons l'autre au prix courant du marché, c'est-à-dire 101 dollars. Bénéfice : un dollar. Dans un cas comme dans l'autre, nous avons donc gagné : exactement un dollar. Que le cours de « l'actif sous-jacent » augmente ou descende n'a aucune importance.

CE PRINCIPE DE COUVERTURE a été découvert plusieurs fois au fil du temps. Avant 1973, certains y avaient vu le grand secret de la richesse. En 1967, dans *Beat the Market!* (« Battre le marché ! »), l'économiste Sheen Kassouf raconte ainsi sa révélation : « J'ai compris que je pouvais investir en m'assurant des gains fabuleux quelle que soit la tendance du marché. Que l'action monte ou baisse je gagnerai ! Cela paraissait trop beau pour être vrai ! » Et bien sûr, comme toutes les « méthodes infaillibles pour s'enrichir rapidement », celle de la couverture est trop belle pour être vraie. D'abord parce que notre courtier ne va pas rester idiot très longtemps. Notre raisonnement montre en fait que l'option d'achat sur une action de Pauvres-de-nous à 100 dollars demain vaut en fait 50 cents aujourd'hui. Les options ont elles-mêmes une valeur. Jadis, cependant, les courtiers et les investisseurs ne savaient pas très bien fixer leur prix, bien plus difficiles à établir que ne le suggère notre exemple purement académique. Du temps où Kassouf et son coauteur Edward Thorp écrivaient leur livre, ils pouvaient encore passer au crible les cours des bons de souscription d'actions (alors le type d'options disponible le plus commun) et repérer de mauvaises évaluations. Un investisseur astucieux *pouvait* battre le marché.

En second lieu, quand bien même nous trouverions un courtier qui nous vende une option au mauvais prix, disons 49 cents au lieu de 50, nous ne réaliserions notre profit (maintenant tombé à un cent l'action !) qu'en ayant la certitude que le prix de l'action monte ou baisse à 101 ou 99 dollars. Contrairement aux investisseurs classiques, qui fondent leurs investissements sur la tendance à la hausse ou à la baisse des cours, c'est ici la volatilité qui importe, c'est-à-dire l'ampleur de la variation. Notre méthode suppose donc que l'estimation de la volatilité soit juste !

↑ Des symboles de la Bourse. Une statue de taureau et d'ours sur le parvis de la Bourse de Francfort en Allemagne.

Or ce point vraiment critique est en quelque sorte dissimulé dans la formule de Black et Scholes... Supposons que nous voulions trouver la vraie valeur du marché V d'une option d'achat – une option pour acheter l'action Pauvres-de-nous au prix K (le « prix d'exercice ») au temps T (la « date d'échéance »). Nous ne voulons arnaquer personne ; nous voulons simplement connaître le juste prix de cette option.

La valeur de l'option dépend clairement du cours actuel S de l'action. Plus il est élevé, plus il est probable qu'il restera supérieur au prix d'exercice à la date d'échéance. La valeur de l'option dépend aussi du temps qu'il reste avant l'échéance, soit $T - t$. Même si l'option est « hors jeu » aujourd'hui, plus nous avons de temps devant nous, plus l'action aura de chances d'atteindre le prix d'exercice. *À la date d'échéance*, soit la valeur de l'option est nulle (si le prix de l'action est inférieur à K), soit elle vaut $S - K$ (car si le prix de l'action est supérieur K, nous exerçons l'option, c'est-à-dire que nous achetons l'action pour K dollars et la revendons S dollars sur le marché). À l'instant T, la valeur de l'option en fonction du cours de l'action présentera un profil similaire à la ligne pleine tracée dans le graphe ci-dessous. Pour des temps t antérieurs à la date d'échéance, la valeur de l'option se trouvera un peu au-dessus, ainsi que le suggère la ligne pointillée. Un peu au-dessus, certes, mais de combien ?

Black, Scholes et Merton ont montré qu'il existe un prix juste $V(S, t)$, représentant la valeur du marché. Le fait est surprenant dans la mesure où un investisseur jouant les actions Pauvres-de-nous à la hausse n'évaluerait pas *a priori* le coût de l'option de la même manière qu'un investisseur qui les jouerait à la baisse. Ces chercheurs sont parvenus à leur résultat en éliminant le risque par l'utilisation d'un principe de couverture élaboré, dit « dynamique », qui voit l'investisseur ajuster en permanence son portefeuille au prix S et à l'instant t.

Selon la terminologie consacrée, les taureaux qui parient à la hausse, toutes cornes dressées, et les ours qui parient à la baisse, tête inclinée, peuvent donc s'accorder sur la valeur de l'option – pourvu qu'ils s'accordent sur un modèle de volatilité. Et c'est là qu'intervient une deuxième grande idée de Black et Scholes : ils ont proposé un modèle du cours de l'action si « intuitivement évident » qu'il était difficile de ne pas l'accepter. Les variations de prix d'une action, affirmaient-ils, se décomposent en une tendance à la hausse ou à la baisse, assortie de légères fluctuations aléatoires. C'est seulement l'amplitude de ces fluctuations, la volatilité, mesurée par un paramètre sigma (σ), qui importe dans le prix de l'option. Or une fonction bien connue, la distribution normale,

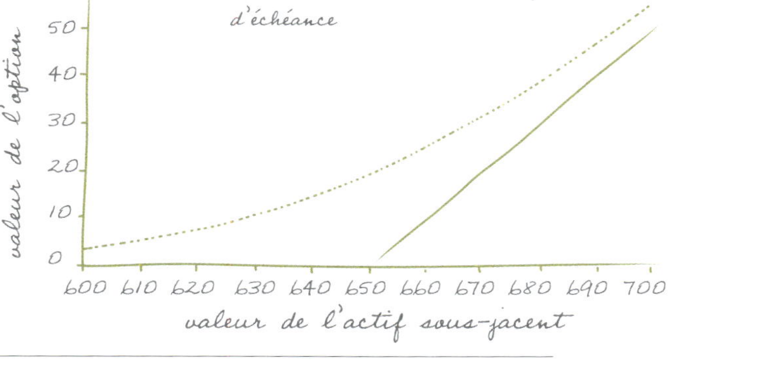

↑ À la date d'échéance, la valeur d'une option d'achat sur une action à 650 dollars adopte le profil ébauché par la ligne pleine. Du fait des stratégies de couverture dynamique, la valeur de l'option avant la date d'échéance est toujours plus haute.

encore appelée courbe en cloche (ci-contre), donne la probabilité de toute fluctuation de taille particulière. La probabilité d'une hausse de prix supérieure à « un sigma » vaut environ 15,8 pour cent, par exemple, alors que celle d'une hausse supérieure à deux sigma est d'environ 2,2 pour cent.

Qu'est-ce qui rendait la proposition de Black et Scholes si séduisante ? Peut-être cette courbe en cloche, justement, qui est si familière... Tout processus stochastique équivalant à un nombre infini de lancers de pièces (même biaisées) indépendants se distribue selon la loi normale. Et il suffit d'observer en direct les cours d'une action pour voir défiler un flot ininterrompu de « plus » et de « moins », pour ne pas dire « pile » et « face », indiquant les légères variations à la hausse et à la baisse.

BLACK ET SCHOLES eurent encore un trait de génie. Contrairement aux investisseurs précédents, qui envisageaient la couverture comme une stratégie d'enrichissement, ils partirent du principe que rien ne battait le marché. Celui qui couvrirait son portefeuille en éliminant tout risque obtiendrait le taux de retour de celui qui investirait de la façon de la plus tranquille qui soit, c'est-à-dire dans les bons du Trésor américain à 30 ans. Cet argument, en bouclant la boucle, leur a donné l'équation dite de Black et Scholes :

$$\frac{\partial V}{\partial t} + \frac{1}{2}\sigma^2 S^2 \frac{\partial^2 V}{\partial S^2} + rS\frac{\partial V}{\partial S} = rV$$

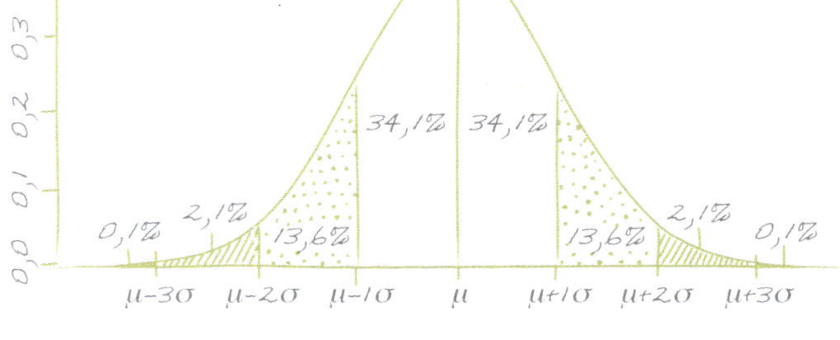

↑ L'écart-type, noté σ, mesure la dispersion dans une courbe en cloche classique.

Le membre de gauche représente le retour de notre investissement si nous achetons une option en la couvrant selon la prescription de Black et Scholes. Le membre de droite représente le retour si nous déposons notre argent à la banque (r désigne le taux d'intérêt). Dans un marché efficace, pour Black et Scholes, ces deux sommes sont égales.

Comme les équations de Maxwell et l'équation de la chaleur, il s'agit d'une équation aux dérivées partielles. Black et Scholes l'ont résolue exactement dans le cas des options d'achat les plus simples. Mais elle s'applique aussi à toutes sortes d'options plus « exotiques », comme celles fondées sur plus d'une action sous-jacente ou sur des défauts d'hypothèque.

Curieusement, un mathématicien avait devancé Black et Scholes d'environ 70 ans. En 1900, Louis Bachelier, un étudiant de Poincaré, avait étudié un modèle de valeurs d'options similaire, d'où il avait déduit une équation presque identique. Mais Bachelier n'arrivait pas au bon moment : les mathématiques financières n'existaient pas encore en tant que discipline constituée. Les mathématiciens s'intéressaient pourtant de près aux processus formés d'une multitude de variations aléatoires, ce qu'on appelle aujourd'hui le mouvement brownien...

En 1973, le monde était prêt. Cette année-là s'ouvrit à Chicago le premier marché aux options. Dans les deux décennies qui suivirent, la formule de Black et Scholes changea la face de Wall Street. D'abord par l'embauche d'un tout nouveau type de traders – les « quants », très à l'aise avec les équations différentielles. Mais surtout en parant la finance mathématique d'une aura d'infaillibilité. Les options, autrefois de mauvaise réputation, remédiaient désormais à la prise de risque. Pour Black, Scholes et Merton, il ne faisait aucun doute que le monde allait graduellement évoluer vers un état idéal, où personne ne pourrait jamais battre le marché, où toutes les options seraient rationnellement évaluées selon des modèles mathématiques. De ce point de vue, les quants ne se bornaient pas à faire de l'argent : ils rendaient le marché plus efficace.

Ce rêve du marché parfait ne s'est jamais réalisé. Le premier krach a eu lieu en 1987, lors du fameux Lundi noir, quand le Dow Jones a dévissé de plus 22 pour cent, de loin la chute la plus sévère jamais enregistrée en une journée. Cette crise fut largement imputée aux opérations programmées – le type de ventes automatiques d'actions exigé par la couverture dynamique.

Le deuxième krach, en 1998, prit un tour embarrassant pour les fondateurs de la théorie. À cette époque, Scholes et Merton étaient tous deux associés à un fonds spéculatif appelé Long-Term Capital Management (LTCM, « Gestion de capital à long terme »). Les deux prix Nobel ne conduisaient pas les affaires quotidiennes, mais constituaient un énorme capital de prestige pour ce fond, qui faisait office de laboratoire expérimental sur l'investissement dit à risque neutre.

↑ Le mouvement brownien illustré numériquement par les petits mouvements apparemment aléatoires de particules en suspension dans un fluide.

Entre 1994 et 1998, LTCM a quadruplé l'apport de ses investisseurs et semblait vivre sur un avenir éternel de retours garantis. Tout s'est écroulé en moins de deux mois. Une cascade d'événements, amorcée par un défaut de paiement du gouvernement russe sur sa dette, a projeté la volatilité à des niveaux stratosphériques, très au-delà des prévisions des modèles.

LCTM essuya de lourdes pertes financières. Quand la société fut au bord de la faillite, la Réserve fédérale américaine organisa une opération de sauvetage via un consortium de quatorze grandes banques privées – qu'elles acceptèrent de mener vaille que vaille, tant elles craignaient que LTCM ne les entraîne dans sa chute.

MAIS LE PIRE RESTAIT À VENIR. En 2007, le marché des dérivés de crédit – l'un des fonds exotiques auxquels je faisais allusion plus haut – s'est effondré. Cette fois, la crise impliquait la formule de Black et Scholes de manière plus périphérique. Pendant plusieurs années, les banques avaient accordé des crédits immobiliers dits « subprimes » à des candidats dont les dossiers auraient été rejetés auparavant. Non par altruisme, bien sûr, mais parce qu'elles pensaient maîtriser le risque de défauts de paiement en regroupant ces prêts dans un filet de sécurité nommé Collateralized Debt Obligation (CDO, « Obligation adossée à des actifs »). Et les quants avaient développé une formule adéquate, fondée sur la distribution normale, qui donnait une valeur de marché juste... pourvu que la corrélation entre les défauts de crédit soit nulle (ou du moins pas très grande). En d'autres termes, ils supposaient qu'un problème de remboursement par un propriétaire à Miami resterait sans incidence sur les capacités de paiement d'un propriétaire à Las Vegas, et vice-versa. Mais durant la panique, toutes les corrélations sont montées à 1. Comme les banques ne disposaient pas du capital pour couvrir leurs propres mises, elles tombèrent les unes après les autres : Bear Stearns, Washington Mutual, Lehman Brothers, etc. Une fois de plus, le gouvernement dut intervenir, mais à bien plus vaste échelle qu'auparavant. Le secrétaire du Trésor lança un programme à 700 milliards de dollars, pas moins. Lors de cette opération record, le gouvernement acquit en particulier AIG, la plus grande compagnie d'assurances du monde. Contrairement à 1998, le secteur privé ne pouvait plus aligner suffisamment de banques saines pour faire le travail.

Le dénominateur commun à toutes ces débâcles ? L'échec des modèles mathématiques à anticiper la volatilité des marchés... La distribution normale se fonde sur l'hypothèse que d'innombrables petits acteurs font d'innombrables choix aléatoires, tous indépendants les uns des autres. Mais qu'un acteur prenne trop d'importance (comme LTCM), ou que les acteurs cessent de se comporter de manière indépendante (comme lors des paniques de 1987 et 2007-2008), et le modèle ne s'applique plus. En fait, comme l'avait soutenu pendant des années un petit groupe d'économistes dissidents, les modèles comme celui de Black et Scholes ne devraient jamais être exploitées tant ils sous-estiment la probabilité d'événements extrêmes.

Reste que l'équation de Black et Scholes est aujourd'hui trop utilisée pour être abandonnée. Les économistes essaient plutôt de la raffiner. Dans le modèle de « diffusion par saut », par exemple, le cours des actions est décomposé en trois tendances : le comportement à long terme, les fluctuations stochastiques à court terme et les sauts intermittents dus aux embardées de la Bourse tout entière. Ces hypothèses paraissent qualitativement mieux prendre en compte la réalité. Le modèle de Black et Scholes marche bien la plupart du temps, sauf en des occasions peu fréquentes et aléatoires, où elle ne marche alors plus du tout.

Les mathématiques finiront-elles par dompter le tigre ? Ou ce dernier continuera-t-il à sortir de sa cage au moment où l'on s'y attend le moins ? Je ne sais… La réponse appartient aux économistes, aux ingénieurs financiers et aux mathématiciens qui travaillent sur ce sujet. En attendant qu'ils domptent le tigre ou qu'ils parviennent à montrer un théorème d'impossibilité, il n'y a qu'une seule leçon à tirer des crises de 1987, 1998 et 2008 : « Attention ! »

Conclusion
Et demain ?

Impossible de ne pas clore le livre sans interroger l'avenir des équations...

D'abord une bonne nouvelle : les mathématiques et la science en général se portent très bien. D'un point de vue purement quantitatif, le nombre de formules tend à augmenter, comme le montre un test que j'ai exécuté au début et à la fin de la rédaction de ce livre. En 2008, le moteur de recherche du Wolfram MathWorld, un site Internet de référence, recensait 1947 résultats à la requête « équation », 1253 résultats à la requête « formule » et 992 résultats à la requête « identité ». Trois ans plus tard, il proposait 2032 équations, 1307 formules, et 1026 identités.

Autre avancée positive, Internet a largement facilité la mise en commun des idées scientifiques. « Aux temps mauvais » des XVIe et XVIIe siècles, nous l'avons vu, les progrès en mathématiques ont été perpétuellement ralentis par la réticence des savants à partager leurs travaux. Et même au XXe siècle, le contexte politique a empêché une diffusion rapide du savoir soviétique à l'Ouest. Aujourd'hui, grâce à des sites d'archivage de prépublication en ligne ou à des forums et des blogs mathématiques, la communication est plus ouverte que jamais.

Mais tous les voyants ne sont pas au vert pour autant. De fait, sur un plan plus qualitatif, certaines raisons incitent à penser qu'un optimum a été atteint au XXe siècle.

Bien que le nombre d'équations, de formules et d'identités ait augmenté de 173 unités en trois ans, rien n'assure en effet que les nouvelles venues satisfont aux critères que j'ai énumérés en introduction. Sont-elles surprenantes, concises et universelles ? Le XXIe siècle nous réservera-t-il des surprises aussi renversantes que la physique quantique, la théorie du chaos ou le théorème d'incomplétude de Gödel ? C'est impossible à prédire, mais j'ai le sentiment que l'Amérique ne se découvre pas deux fois.

Je crois aussi déceler une évolution dans la pratique des mathématiques. L'ordinateur a apporté aux hommes une nouvelle forme de savoir. Prédire le climat ou cartographier le génome suppose de manier des quantités prodigieuses de données – bien trop volumineuses pour que l'esprit humain les appréhende. Les chercheurs conçoivent donc des méthodes pour les passer au crible et en extraire une information pertinente. Mais ce type de résultats s'exprimera-t-il toujours sous la forme d'une équation ? Ou se trouvera-t-il plus sûrement codé sous une forme uniquement accessible à l'intelligence artificielle ?

Le jeu d'échecs, dont l'approche aussi a été bouleversée par l'informatique, illustre cette tendance. Pour détecter les positions gagnantes, les ordinateurs nous surpassent largement. Le mat le plus technique qu'un humain puisse maîtriser met peut-être en scène un roi, un fou et un cavalier contre un simple roi. Achever la partie nécessite alors au pire 33 coups si les deux camps jouent au mieux. Mais les ordinateurs vont bien au-delà… Quand un roi, une tour et un fou se confrontent à un roi et deux cavaliers, ils ont découvert qu'il fallait jusqu'à 223 coups pour que le côté le plus fort gagne, en supposant que les deux adversaires jouent parfaitement. Et aucun homme ne comprend la logique inhérente à la suite de mouvements gagnants… Ainsi, quand il compare la position des pièces après le 80e coup à celle qu'elles occupaient après le 50e, il ne voit pas en quoi le côté le plus fort a progressé de 30 coups vers la victoire.

Il existe donc des formes de savoir trop complexes pour que nous les saisissions. Non pas qu'elles soient toujours très profondes… Simplement trop compliquées… L'émergence de la notion d'équation nous a permis de jongler avec des idées impossibles (ou presque) à exprimer en mots. Peut-être que les équations ne suffiront plus à exprimer les vérités qui reposeront dans les bases de données du XXIe siècle. L'équivalent pour elles d'un mat en 223 coups !

Et je m'attends pour finir à une utilisation différente des mathématiques. Par le passé, elles ont été intimement liées à la physique, mais, à l'avenir, je pense qu'elles s'appliqueront à bien d'autres disciplines, comme la biologie ou les sciences sociales. L'idée que les mathématiques puissent servir à vaincre le cancer me paraît par exemple particulièrement séduisante.

Mais attention… L'utilisation des mathématiques dans le monde réel passe par une étape de modélisation, et les modèles sont toujours imparfaits. D'abord parce qu'ils simplifient la réalité, ensuite parce qu'ils sont bâtis sur des hypothèses. Or ces hypothèses semblent parfois tellement évidentes ou si bien établies que nous oublions leur nature. Nous nous entichons de ces modèles… jusqu'à ce qu'un traumatisme majeur survienne, qui nous force à le modifier ou à nous en séparer. Souvenons-nous de la découverte des géométries non-euclidiennes ou de celle du chaos dans les systèmes dynamiques déterministes.

Pour des raisons qui ne sont pas entièrement comprises, les modèles mathématiques ont historiquement bien fonctionné en physique. Mais ce ne sera probablement pas le cas en biologie. D'une manière générale, un modèle mathématique décrivant un processus biologique est d'autant plus touffu qu'il est fidèle. Une modélisation détaillée comportera de nombreuses équations, et ses comportements, y compris les plus fondamentaux, seront difficiles à appréhender : nous entrons dans le domaine du mat en 223 coups. Les biomathématiciens, par exemple, sont capables de simuler numériquement le fonctionnement du cœur, et de reproduire des situations de tachycardie ventriculaire et de fibrillation. Reste qu'aucun consensus n'émerge sur le fait de savoir pourquoi le traitement le plus immédiat – l'usage d'un défibrillateur – fonctionne effectivement.

En résumé, je ne doute pas qu'une mise à jour de ce livre présente facilement six belles équations de plus dans une centaine années. Mais je ne suis pas certain qu'elles vaudront celles d'Einstein, de Dirac ou du chaos. Nous assisterons probablement au XXIe siècle à des avancées majeures en biologie mathématique, mais qui ne brilleront pas d'une concision transcendante. Je m'attends à de nombreuses découvertes analogues au mat en 223 coups, impossibles à exprimer en mots ou en équations, seulement encodées dans quelque système d'intelligence artificielle. Le concept même d'équation aura sans doute pris un petit coup de vieux.

Mais n'oublions pas que les mathématiques reposent sur une longue tradition. Certaines choses ne changent pas rapidement. Et je prédis que dans cent ans encore, rien ne vaudra le plaisir de poser une égalité bien équilibrée…

? = ?

R134
1.1
2.3
3.45
4.25
5.2
6.21
W056
R134
W056

Remerciements

Je me souviendrai de ce livre comme d'un aimable chien, venu un jour gratter à ma porte en remuant la queue, sans vraiment savoir ce qu'il cherchait, mais certain de le trouver chez moi. La maison d'édition Elwin Street Productions souhaitait publier un ouvrage sur l'histoire des équations et s'était mise en quête d'un auteur : le synopsis du projet a atterri dans ma boîte aux lettres.

Le plan prévu m'a presque rendu malade, tant il divergeait de ma propre vision. Il a aussi fallu que je m'accoutume à l'idée de développer un concept initié par un autre. Mais à la vérité, je cherchais depuis longtemps à écrire un tel livre, et je savais que je pourrais venir à bout de celui-ci.

Mes remerciements vont donc en premier lieu à ceux qui, chez Elwin Street, ont accepté de modifier leur projet initial, sans jamais cesser de le porter, tout en le confiant aux meilleurs coéditeurs qui soient : Princeton University Press et New South Publishing.

Qu'il me soit ensuite permis de remercier, sans ordre particulier :

John Wilkes, dont le Science Communication Program de l'Université de Californie à Santa Cruz (UCSC) a soutenu et guidé tant de scientifiques dans leur vocation d'auteurs ;

Peter Radetsky, l'un de mes professeurs à l'UCSC, qui m'avait prédit « une grande aventure » ;

Peter Steinhart, qui enseignait l'écriture à l'UCSC, et Rosalind Reid, ma première éditrice à l'*American Scientist*, pour m'avoir convaincu des mérites de la première personne du singulier ;

Martin Gardner, le premier auteur de vulgarisation mathématique que j'ai vraiment lu, un modèle de naturel ;

George Pólya, dont les explications sur le « problème de Bâle » résolu par Euler, que j'ai découvertes à l'université, me paraissent comparables aux eaux du lac Tahoe : transparentes et pourtant ô combien profondes ;

Nisaba, la déesse sumérienne de l'écriture (et, indirectement, des mathématiques) ;

Et Kay, ma femme, qui m'a encouragé à suivre ma vocation d'écrivain avant de faire de même de son côté. Je lui dois d'avoir appris que l'écriture ne se limite pas à coucher des mots sur le papier.

Bibliographie

Introduction. Boulier contre raison pure

Feynman, R. P., *Vous voulez rire, Monsieur Feynman !*, trad. Balibar, F. et Guthmann, C. Paris : Odile Jacob, 2007.

Partie I. Les équations de l'Antiquité

Boyer, C. *A History of Mathematics*, 2e éd. New York : Wiley, 1991.

Burnyeat, M. F. « Other lives », *London Review of Books*, 22 février 2007.

Burton, D. *The History of Mathematics : An Introduction*, Boston : Allyn and Bacon, 1985.

Cipra, B. « Digits of Pi », in *What's Happening in the Mathematical Sciences*, vol. 6. Providence, RI : American Mathematical Society, 2006.

Dauben, J. « Ancient Chinese mathematics : The Jiu Zhang Suan Shu vs. Euclid's Elements », *International Journal of Engineering Science* 36 (1998), n° 12-14, pp. 1339-1359.

Heath. T. L., éd. *The Works of Archimedes*, Cambridge, UK : Cambridge University Press, 1897.

Huffman, C. « Pythagoreanism », in *Stanford Encyclopedia of Philosophy*, en ligne à l'adresse : http://plato.stanford.edu/entries/pythagoreanism.

Iamblichus, « Life of Pythagoras », in K. S. Guthrie, éd. *The Complete Pythagoras* (1921), édition internet par P. Rousell à l'adresse www.completepythagoras.net.

Kaplan, R. et E. Kaplan. *Hidden Harmonies : The Lives and Times of the Pythagorean Theorem*, New York : Bloomsbury Press, 2011.

Katz, V. J., éd. *The Mathematics of Egypt, Mesopotamia, China, India, and Isla : A Sourcebook*, Princeton, NJ : Princeton University Press, 2007.

Lee, H. D. P., éd. *Zeno of Elea : A Text, with Translation and Notes*, Cambridge, UK : Cambridge University Press, 1936.

Stillwell, *J. Mathematics and its History*, New York : Springer-Verlag, 1989.

Partie II. La découverte du Nouveau Monde

Beer, A. et P. Beer, éds. « Kepler : Four Hundred Years », *Vistas in Astronomy*, vol. 18. Oxford : Pergamon, 1975.

Bellhouse, D. « Decoding Cardano's Liber de Ludo Aleae », *Historia Mathematica* 32 (2005), pp. 180-202.

Bradley, R. E., L. A. D'Antonio et C. E. Sandifer, éds. *Euler at 300 : An Appreciation*, Washington, DC : Mathematical Association of America, 2007.

Chambers, R. « Sir Isaac Newton and the Apple », in *The Book of Days : A Miscellany of Popular Antiquities*, pp. 757-8. London : W. & R. Chambers, 1832.

Cipra, B. « Fermat's Theorem – at Last ! » in *What's Happening in the Mathematical Sciences*, vol. 3. Providence, RI : American Mathematical Society, 1996.

Dunham, William. *Journey Through Genius*. New York : Penguin Books, 1991.

Ekert, A. « Complex and unpredictable Cardano », *International Journal of Theoretical Physics* 47 (2008), pp. 2101-2119.

Grattan-Guinness, I., éd. *Landmark Writings in Western Mathematics*, Amsterdam : Elsevier, 2005.

Gray, J. « A short life of Euler », *BSHM Bulletin* 23 (2008), pp. 1-12.

Montagu, A. « Newton's Principia : Heroes, Legends, and Myths », *The New York Times*, 18 avril 1987.

Ouellette, J. *The Calculus Diaries*, London : Penguin Books, 2010.
Rickey, V. F. « Isaac Newton : Man, Myth, and Mathematics », *The College Mathematics Journal* 18 (1987), pp. 362-389.
Stedall, J. *Mathematics Emerging : A Sourcebook 1540-1900*, Oxford, UK : Oxford University Press, 2008.
Weil, A. *Number Theory : An Approach through History from Hammurapi to Legendre*, Boston : Birkhauser, 1984.
Wells, D. « Are These the Most Beautiful ? », *Mathematical Intelligencer* 12 (1990), n° 3, 37-41.
Westfall, R. *Newton*, trad. Lescourret M.-A., Paris : Flammarion, 1994.
Wikipedia. « Principia Mathematica », article accessible en ligne à l'adresse : http://en.wikipedia.org/wiki/Principia_Mathematica.

Partie III. Les voleurs de feu

Crease, R. P. « The Greatest Equations Ever », *Physics World*, October 6, 2004. Accessible en ligne à l'adresse : http://physicsworld.com/cws/article/print/20407.
Greenberg, M. J. *Euclidean and Non-Euclidean Geometries : Development and History*, 4e éd. New York : W. H. Freeman, 2007.
Hankins, T. L. *Sir William Rowan Hamilton*, Baltimore : Johns Hopkins University Press, 1980.
Harman, P. M. *The Natural Philosophy of James Clerk Maxwell*, Cambridge, UK : Cambridge University Press, 1998.
Kaharl, V. A. « Sounding Out the Ocean's Secrets », in *Beyond Discovery : The Path from Research to Human Benefits*. Washington, DC : National Academy of Sciences, March 1999. Accessible en ligne à l'adresse : www.beyonddiscovery.org.
Keston, D. A. « Joseph Fourier – Politician and Scientist », accessible en ligne à l'adresse : www.todayinsci.com/F/Fourier_JBJ/FourierPoliticianScientistBio.htm.
Lambek, J. « If Hamilton Had Prevailed : Quaternions in Physics », *Mathematical Intelligencer* 17 (1995), n° 4, pp. 7-15.
Laugwitz, D. *Bernhard Riemann, 1826-1866 : Turning Points in the Conception of Mathematics*, Boston : Birkhauser, 1999.
Rockmore, D. *Stalking the Riemann Hypothesis : The Quest to Find the Hidden Law of Prime Numbers*, New York : Pantheon, 2005.
Rothman, T. « Genius and Biographers : The Fictionalization of Évariste Galois », *American Mathematical Monthly* 89 (1982), n° 2, pp. 84-106.
Stubhuag, A. *Niels Henrik Abel and his Times*, Berlin, New York : Springer, 2000.
Tolstoy, I. *James Clerk Maxwell : A Biography*, Edinburgh : Canongate, 1981.

Partie IV. Les équations de notre temps

Albers, D. J. et G. L. Alexanderson, éds. *Mathematical People : Profiles and Interviews*, Boston : Birkhauser, 1985.
Albers, D. J., G. L. Alexanderson et C. Reid, éds. *More Mathematical People : Contemporary Conversations*, Boston : Harcourt Brace Jovanovich, 1990.
« Lights All Askew in the Heavens », *The New York Times*, 10 novembre 1919.
Aubin, D. et A. D. Dalmedico. « Writing the History of Dynamical Systems and Chaos : Longue Durée and Revolution, Disciplines, and Culture », *Historia Mathematica* 29 (2002), pp. 273-339.
Brown, K. « Reflections on Relativity », accessible en ligne à l'adresse : www.mathpages.com/rr/rrtoc.htm.
Casti, J. L. et DePauli, W. *Gödel : A Life of Logic*, Cambridge, MA : Perseus, 2000.

Courtault, J.-M., Kabanov Yu., Bru B., Crépel P., Lebon I., Le Marchand A. « Louis Bachelier on the Centenary of Théorie de la Spéculation », *Math. Finance* 10 (2000), n° 3, pp. 341-353.
Dirac, P. A. M. « The Evolution of the Physicist's Picture of Nature », *Scientific American*, mai 1963. Accessible en ligne à l'adresse : http://bit.ly/dirac1963.
Duffie, D. Black, « Merton and Scholes – Their Central Contributions to Economics », in *Legacy of Fischer Black*, B. Lehmann, éd. Cary, NC : Oxford University Press, 2004, pp. 286-298.
Einstein, A. « Does the Inertia of a Body Depend on its Energy Content ? » *Annalen der Physic* 18 (1905), p. 639. W. Perrett et G. B. Jeffery trads. (1923), accessible en ligne à l'adresse : www.fourmilab.ch/etexts/einstein/E_mc2/www.
Friederich, B. et D. Herschbach. « Stern and Gerlach : How a Bad Cigar Helped Reorient Atomic Physics », *Physics Today*, décembre 2003 : pp. 53-59.
Giulini, D. et N. Straumann. « Einstein's Impact on the Physics of the Twentieth Century », *Stud. Hist. Phil. Modern Physics* 37 (2006), pp. 115-173.
Goddard, P., éd. *Paul Dirac : The Man and His Work*, Cambridge, UK : Cambridge University Press, 1998.
Isaacson, W. *Einstein : His Life and Universe*, New York : Simon and Schuster, 2007.
Janssen, M. « Of pots and holes : Einstein's bumpy road to general relativity », *Ann. Phys.* (Leipzig) 14 (2005), supp. pp. 58-85.
Kassouf, S. T. et Thorp, E. O. *Beat the Market : A Scientific Stock Market System*, New York : Random House, 1967.
Lowenstein, R. *When Genius Failed : The Rise and Fall of Long-Term Capital Management*, New York : Random House, 2000.
Ott, E. « Edward N. Lorenz, 1917-2008 », *Nature* 453, 15 mai 2008, p. 300.
Peitgen, H.-O., H. Jergens, D. Saupe. *Chaos and Fractals : New Frontiers of Science*, New York : Springer, 2004.
Pogge, R. W. « Real-World Relativity : The GPS Navigation System », accessible en ligne à l'adresse : www.astronomy.ohio-state.edu/~pogge/Ast162/Unit5/gps.html.
Renn, J. et D. Hoffmann. « 1905 – A Miraculous Year », *Jour. Physics B : Atomic, Molecular, and Optical Physics* 38 (2005), S437-S448.
Schaeffer, S. M. « Robert Merton, Myron Scholes, and the Development of Derivative Pricing », *Scand. Jour. of Economics* 100 (1998), n° 2, pp. 425-445.
Strogatz, S. *Sync : The Emerging Science of Spontaneous Order*, New York : Hyperion, 2003.
Wikipedia. « The Photoelectric Effect », accessible en ligne à l'adresse : http://en.wikipedia.org/wiki/Photoelectric_effect.
Wilczek, F. « The Dirac Equation », in *Proceedings of the Dirac Centennial Symposium*, Singapore : World Scientific Publishing, 2003.
Wilmott, P. *Frequently Asked Questions in Quantitative Finance*, Chichester, UK : Wiley, 2007.
Woodin, W. H. « The Continuum Hypothesis, Part I », *Notices of the American Mathematical Society*, juin/juillet 2001, pp. 567-576.
Wu, H. « Historical development of the Gauss-Bonnet theorem », *Science in China Series A : Mathematics* 51 (2008), n° 3, pp. 1-8.
Wu, H. « Shiing-Shen Chern : 1911-2004 », *Bull. Amer. Math. Soc.* 46 (2009), pp. 327–338.

Index

Les numéros de page en italique se rapportent aux illustrations.

POUR L'ÉDITION ORIGINALE

Conçu et produit par
Elwin Street Limited
3 Percy Street
London W1T 1DE
www.elwinstreet.com

Imprimé à Chine

POUR L'ÉDITION FRANÇAISE

87 quai Panhard et Levassor
75647 Paris cedex 13
N° d'édition : L.01EHBN000809.N001
ISBN : 978-2-0813-7657-1
Dépôt légal : novembre 2015
editions.flammarion.com

Traduction : Olivier Courcelle
Mise en pages : Caroline Fortoul

Crédits photographiques
Alamy : pp. 37, 54, 160, 207 ; The Art Archive : p. 104 ; The Art Archive / British Museum : p. 16 ; The Art Archive / Kharbine-Tapabor / Photo Boistesselin p. 23 ; The Art Archive / Bibliothèque des Arts Décoratifs Paris / Gianni Dagli Orti : p. 127 ; Corbis : pp. 24, 66, 93, 99, 217 ; Getty : pp. 10, 54, 72, 87, 120, 136, 157, 162 ; Science Photo Library : Endpapers, pp. 2, 33, 49, 58, 113, 117, 133, 140, 145, 146, 150, 166, 169, 171, 179, 188, 190, 196, 200, 211 ; Topfoto : pp. 78, 84, 88, 100.